自分で作るしあわせ時間

アート手ごねせっけんと森の暮らし

～春夏秋冬のレシピ～

三穂＊Miho

BAB JAPAN

はじめに

「アート手ごねせっけん」作りは、古代の人々が祈りを込めて作っていたであろう〝土器作り〟と同じ感覚なのではないか?と、ふと感じる時があります。せっけんを作っている時に流れるゆったりとした時間、肌で感じる季節の移ろい、そして薬草の香り。それらはまるで私と大地をつなげてくれるようです。それは瞑想的でもあるし、子どもの頃に夢中で遊んだ砂遊びや泥遊びと同じ感覚でもあるような気がします。

これからみなさんにお伝えするこの「アート手ごねせっけん」作りは、まさに私が小さい頃から大好きだった遊びそのものです。純せっけん素地をベースにさまざまなアレンジを行い、手でコネコネして自由に創造して、世界にひとつだけのせっけんを作っていきます。危険な薬剤は使わないので安全だし、小さな子どもから大人まで誰でも気軽に楽しむことができます。

2020年を過ぎ以前よりもさらに世界中の人々がそれぞれの場所を拠点に、これからの自分たちのあり方や自然と向き合っていくことの大切さを実感し始めたと思います。先人たちの五感を使った生き方や知恵に学び、真の豊かさを改めて考え直す事が問われています。鼻歌を歌いながら薬草を扱い、自然とのつながりを感じるこのアート手ごねせっけん作りが、このような時代の中でホッと自分に還るための時間に少しでも役立ちますように。

さらにこの本ではせっけん作りの拠点となっている、私が住む八ヶ岳南麓のセルフビルドの家＝通称「ＫＵＲＩの森」の春夏秋冬の暮らしもお伝えしていきます。その中からほんの少し意識を変えてみるだけで、どこに住んでいても自然を感じながら暮らしていけるヒントを見つけてもらえたらこの上なく嬉しく思います。

それでは今から、ハーブティー片手にゆったりとＫＵＲＩの森へいらっしゃい。ワクワクの扉を開いてお待ちしています。

三穂＊Ｍｉｈｏ

もくじ

第四章
秋の「アート手ごねせっけん」

第五章
冬の「アート手ごねせっけん」

Winter Column

第六章
音楽でつながる世界
薬草との出会い

第一章
基本の「アート手ごねせっけん」

イベント時に立てる
Katsuちゃん
手作りの看板

せっけんの素材、
青じそを摘みに庭へ

暮らしや旅の中で手に入れた素材で
作ったせっけんたち

せっけん作りを始めたきっかけのお話

　はじめてのせっけん作りは、中学校の家庭科室の中でした。それはたった一年間ですが、音楽教師を務めていた学校の課外授業の時間でのことです。その課外授業は教師が自分の専門分野外のことを生徒に教える授業というもので、社会の先生がロックを教えてもいいし、数学の先生が詩を教えてもいいというものでした。

　音楽大学在学中から音楽の仕事をしていましたが、私は旅が好きで二十代から本格的に海外へ旅をするようになりました。約2年半のイギリスでの生活から帰国してきた後、縁あって産休の代替教員として音楽教師をさせていただいたのです。

　イギリスで少しハーブの勉強をしていたし、手で何かをこねる作業が大好きだったので、この二つを合わせたもの、しかも授業中にティータイムまで付いてくる楽しい時間として「アート手ごねせっけん」作りのアイディアが浮かびました。色々と試行錯誤してできあがったレシピが「レモングラスとはちみつのせっけん」です。その時の課外授業の光景は今でもハッキリと思い出すことができます。

まずは無添加の純せっけんをおろし金ですりおろして、フレーク状にするところからはじめました。おしゃべりをしながら、雪のように真白いふわふわのせっけんフレークがどんどんすりおろされていきます。生徒たちも手で触ったり、とっても楽しそう。私はというと、小さな頃の砂場の感覚がよみがえりワクワクが止まりません。せっけん一個をすりおろしたらひとまず休憩。この時、使用するレモングラスティーのお話をしたのですが「まずは味わってみないとはじまらない！」と言って、生徒たちとハーブティーパーティーを開きました。レモングラスティーをグラスに注ぎ、生徒たちの元に運んだ時の歓声ときたら！みんなで爽やかな香りにうっとりして、せっけんに配合する予定のはちみつも少しだけ垂らして、おいしくいただきました。

パーティーの後はいよいよすりおろしたせっけんフレークと、濃いめに煮出したレモングラスティー、そしてはちみつを混ぜて、手でコネコネして手ごねせっけんを作りはじめました。美しいレモンイエローの色や香りを感じながら、みんなでさまざまな形のせっけんを制作していきます。感触、香り、味、色、おしゃべり。五感をフルに使ったとても楽しい授業になりました。

この時の経験が今の私の「アート手ごねせっけん」の基盤になっています。そして今でもせっけんを作る時には毎回、その時と同じワクワク感があるなあと思っています。

香りの記憶
～レモングラスとはちみつのせっけん～

　レモングラスティーの香りを嗅ぐと、今でも前のページでお話した中学校の課外授業での記憶がよみがえってきます。香りは懐かしい場所や人を簡単に思い出させてくれますね。

　後で詳しく紹介しますが、私のせっけん作りは〝純せっけん素地〟をベースにしています。市販されている固形の純せっけんや、純せっけんチップなどを使用して制作していきます。

　基本の作り方や必要な道具は順に紹介していくので、そのページを参考にしながら作ってみてください。

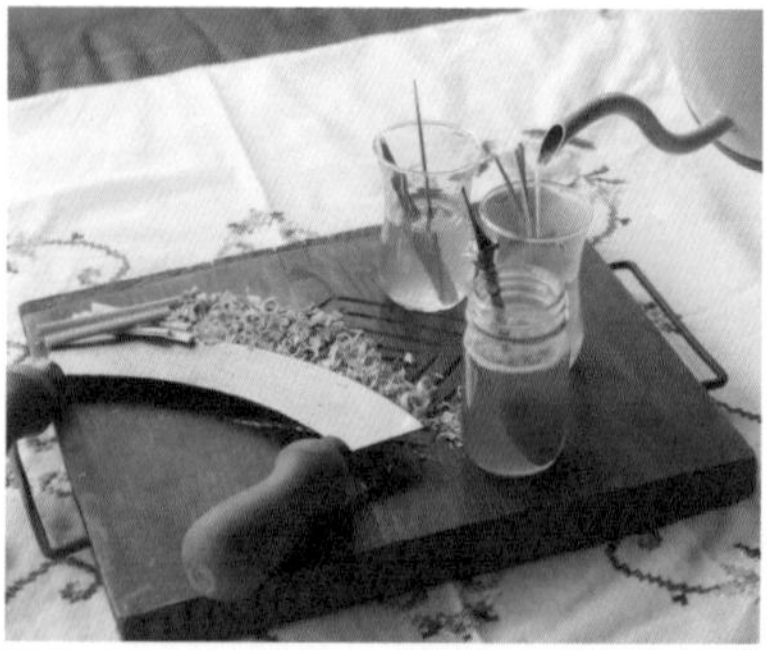

固形純せっけん 100g をすりおろすとこんな感じ。ココナッツフレークみたい（右）
お茶を淹れるとレモングラスの香りが部屋中に広がって、とても懐かしい気分に（左）

Recipe

レモングラスとはちみつのせっけん

材料（1 個分）

- 固形純せっけん…100g
- 熱湯…40g
- ドライレモングラス…2 ～ 3g
- はちみつ…小さじ 1

※ティーバック1個分

作り方

1. 固形純せっけん100g をおろし金ですりおろし、ボウルに入れる。
2. ステンレス製の計量カップにドライレモングラスを入れ、熱湯40g を注ぎ、蓋をして5分間蒸らす。蒸らしたら弱火で再加熱し濃いハーブティーを作る。
3. ハーブを取り除き、抽出液をせっけんが入ったボウルに入れ、手でよくこねる（火傷に注意）。粗熱が取れたらはちみつを加えてさらにこね、その後、蓋付き容器に移し替えるかラップをかけて、20分間ほど寝かせる。
4. 生地を再度やわらかくなるまで練り直し、好きな形に形成する。固くて練りにくい感じなら、分量外のお湯や抽出液などの水分を加えて調整する。
5. 風通しの良い場所で2週間以上陰干して完成。

手作りのキッチン。私（Miho）と、パートナーのKatsuちゃん

森での手作りの暮らし

旅好きの私は、本当は音楽教師として一年間の働いたお金をインドとタイ行きの旅行のために使おうと思っていました。旅の計画を立てていたある日、ラジオから美しいアイルランドの曲が流れてきました。この曲との出会いが思わぬ旅の行き先き変更につながってアイルランドへ旅立つことになりました。

そして訪れたダブリンでパートナーのＫａｔｓｕ（通称Ｋａｔｓｕちゃん）と一緒に、ストリートミュージシャンとして生活することになったのです。現在のアコースティックユニット「ＫＵＲＩ」のスタイ

アコースティックユニット「KURI」のライブ風景。KURIの森で開催していた「妖精舞踏音楽会」にて

ルはこの時に自然にできあがりました。帰国後は山梨県の小さな村を拠点に、さらに国内外での音楽活動を広めていきました。山の暮らしの知恵をいただく素晴らしい七年間の生活を経て、さらに思いっきり自然の中で理想の生活を送りたいと思い八ヶ岳南麓に移住を決意。セルフビルドの家作りがはじまりました。

いつの頃からか私たちが住むこの場所は、友人たちから「ＫＵＲＩの森」と呼ばれるようになりました。この森の中での暮らしが私の根っこで、すべての活動の元になっています。

森での生活は手作りのものだらけです。音楽の仕事で家を空けることもあるので、すべて自給自足というわけにはいきませんが、できるだけ畑を耕し野菜を作り、この地に自生している薬草や野草をいただくようにしています。〝自給自足〟を目指すというよりか、無理なく自分たちの仲間のつながりの中で必要なものが循環していったらなあと考えています。

例えば、2019年まで約10年間行われていたKURIの森での「妖精舞踏音楽会」というイベントでは、参加料が玄米持参でもOKという〝米通貨制度〟も実施していました。そんな風にしていただいた玄米は糠まで無駄にすることなく、はちみつを加えてせっけん生地に練り込んだりしていました。

他にも、庭で半自生しているどくだみな

母屋のベランダから見える景色。この日は虹が見えた!

どの薬草や畑の人参をジュースにしてせっけんに加えたり、初夏から夏の間はあせもにも良く効く植物として、KURIの森に青々と茂る放任栽培の無農薬の桃の葉を練り込んだりしています。畑仕事や家事でケガをしてしまったらすぐに庭のよもぎを擦りつければ止血できるし、ブヨに刺されたら庭で摘んだ蛇苺の焼酎漬けのストックから抽出液を肌につけています。もちろん、このよもぎや蛇苺をせっけんに入れることも可能です。

普段の生活の中に、せっけん作りだけでなくナチュラルコスメや天然の薬を作る材料が溢れているのです。

庭で摘んだどくだみの焼酎漬けは、化粧水や虫刺されの薬にもなる（右）
森で摘んだ蛇苺の焼酎漬けと山椒の実（左）

Katsu ちゃんと延べ 33 名もの友人たちとリノベーションした小屋「Tapio Table」

ここからは私の活動の拠点となっている、現時点での「ＫＵＲＩの森」のセルフビルドの建物を紹介せてください。

【Tapio Table】

広大な耕作放棄地の開墾後にまずはじめに建てた、廃材と新しい材木を組み合わせた小屋です。今は「アート手ごねせっけん」の作品や、海外で買い付けた雑貨などのショールームとして、また、リトリートやワークショップを行う場所として活用しています。

「Ｔａｐｉｏ Ｔａｂｌｅ」とはフィンランド語で〝森の王様（精霊）の食卓〟という意味。ここのテラスには簡易キッチンと流しが設置してあるので、簡単な煮炊きをすることもできて便利です。

セルフビルドの母屋「studio KURI」

【母屋　studio KURI】
二階建ての一軒家。森の湧き水を自力で引き、生活用水に使用。家は私の実家の旧母屋を友人たちと一緒に自力で解体し、静岡と八ヶ岳南麓を何十往復もしながら移築。その家を軸に増築してスタジオ兼、母屋が完成しました。約3年半かけて、たくさんの友人たちに支えられながらコツコツと形になってきた大切な家です。

【Tapio House】
私の一番のお気に入りの場所。私の大好きなものだけが詰まっている六角形の建物が連なるメガネ型の小屋です。ここで小さなセッションを行うこともできるし、秘密の女子会なども開催されます。小人たちが住んでいそうな小さな小屋、または精霊界にお邪魔するような、そんなスペーストリッ

「Tapio House」の冬景色

プができる場所です。実際「Tapio House」という名前はフィンランド語からいただいたもので、「森の精霊の棲む家」という意味です。

【Tree House】

2018年に完成した、KURIの森のくつろぎスペース。ここは夏の暑い間は蚊帳を吊って寝室替わりにしたり、母屋からの電波も入る距離なので、山々が見渡せる事務所代わりに使用しています。他にも年間を通して月一度開催されている「くじらの学港」という、友人のよしいじゅんこさん主宰の〝ココロの学びと気づきを深める大人の学校〟の野外教室としても利用されています。今では遊びの場としてのツリーハウスというよりかは、生活の中になくてはならない場所となっています。

「Tapio House 」の内部、好きなものだけが詰まった小さな空間

おしゃべり好きな木〝くるみん〟

何年もの間ツリーハウス作りの構想はあったのですが、すぐに着工には結びつきませんでした。というのも「どうやったら木々に負担がかからないか？」が大切なテーマとしてあったからです。なかなかピンとくる作り方が思い浮かばず、最終的にくるみの木（通称 くるみん）と桑の木（通称 桑野さん）の2本の木の間に、あたかも枝の上に小屋があるような雰囲気で地面から柱を立てて自立させた高床式小屋を作ることで解決しました。木の枝が床から屋根を突っ切って伸びる、自立した高床式小屋です。

ある日、植物とお話ができるという友人の理恵ちゃんがくるみの木＝くるみんに話しかけると、くるみんは「みんなの顔が近くで見れて嬉しい。人が集まるのが嬉しい。Ｋａｔｓｕちゃんが自分に負担がないように配慮してくれたのも嬉しかった」と話をしてくれたそうです。

夏には寝室代わりにもなるツリーハウスは、くるみんの葉が風で擦れる音が子守唄のようになり、そこでの眠りは言葉にならないほどの安心感と、夜の間に自然の中にす〜っと溶けて一体になるような聖なる時間をもたらしてくれています。

木に負担をかけずに完成した「Tree House」と狼犬ウルル

【Ｐａｌｌｅｔ Ｈｏｕｓｅ】

敷地の一番隅に建っている小屋はパレットだけで作られた小屋。60枚以上のリサイクルパレットで作られたこの小屋はＫａｔｓｕちゃんのアイディアです。この敷地に建っているすべての建物は廃材やいただき物、身近で手に入る建材など、色々な素材の組み合わせで作られていますが、このパレットハウスは特に面白いアイディアだと思っています。

ここはＫＵＲＩの音楽専用スタジオで、楽器の練習や音楽ワークショップスペースにもなっています。〝空飛ぶ小屋〟というユニークなネーミングで、Ｋａｔｓｕちゃんが行うドラム缶とコンタクトマイクを使ってとても不思議なノイズサウンドを出してのヒーリングワークショップも行われ、クジラや動物の鳴き声、または宇宙的といえる響きを感じることができます。

【満天の〝一人フェス露天釜風呂〟】

２０２０年に完成したこの巨大な釜風呂は、実家でなぜか父が金魚鉢として金魚を飼ったり、水を中に入れて冷蔵庫代わりにして果物をストックしていたものを再利用しました。野外フェス気分が感じられるイメージのフラッグを飾って楽しんでいます。湧き水と薪で炊かれたお風呂に入りながら眺める満天の星空は、何よりの贅沢な時間になっています。

「Pallet House」の土台を作るKatsuちゃん（左上）。60枚以上のパレットを使い小屋が完成（右上）。中は音楽スタジオになっている。ここでオンラインライブも配信中（左下）。満天の星空の下の露天窯風呂。父からもらったこの大釜は、かつて工場で大豆を茹でるために使われていたそう（右下）

Miho のアトリエにて（上）。KURI の森だけでなく世界中から集めた薬草や特選素材に囲まれている（下）

【Mihoのアトリエ】

今もなおまだまだ増殖している建物たちですが、次は私のアトリエを紹介します。ここにはさまざまな薬草をはじめ、せっけん作りや、手作りコスメのワークショップで使用する素材が二百種類以上ストックされています。大きな棚に陳列されたたくさんの薬草などが入ったガラス瓶を眺めながら、季節のKURIの森で収穫できる薬草とのブレンドを考えたり、それぞれの季節で使いたい特選素材などを思い浮かべてレシピを決めます。どんなに前もってせっけんのレシピやデザインを考えていても、いざ棚に並ぶ薬草の瓶を見た途端、結局インスピレーションで制作してしまいます。

このように、KURIの森にはさまざまな建物が建っています。

ここは自然のうつろい、鳥や虫のおしゃべり、花や人々の笑い声、美しい朝日や星空、季節の野草、そして私たちの奏でる音楽やさまざまなアーティストとのコンサートなど、ワクワクがミックスされた〝何かを感じ、発信する場所〟に年を追うごとに育っています。私の「アート手ごねせっけん」もこの場所やここでの暮らしからインスピレーションをもらい、四季折々のレシピが誕生しました。

聖なるせっけんの作り方

私にとってせっけんを作るということは、ワクワク楽しいことでもあり、そしてとても瞑想的な時間です。制作中はインスピレーションに任せて色々なことをしていきます。

せっけんを作る前にネイティブアメリカンの様にホワイトセージに火をつけて煙で部屋を浄化したり、自分にもっと元気が欲しい時は火のエネルギーをいただいています。昼間でもキャンドルの火を灯しながら制作していると、元気が湧いてきます。せっけんを作りながら歌を歌ったり、フラワーレメディーというお花の波動水をせっけんに加えたりすることもあります。

アメジストパウダー入りのせっけん。ろうそくを灯し火のエネルギーを取り入れる（上）。
アメジストパウダーのキーワードは真実の愛、調和、統合（下）

五感で味わうアート手ごねせっけん

実際のレシピを紹介する前に、「アート手ごねせっけん」を作る時に大切にしたい気持ちのあり方について少し触れたいと思います。

小学生の頃、私は母親の料理の手伝いや簡単なお菓子作りが大好きでした。でもちょっと変わっていて、手伝いの時に残った野菜くずなどを手にとって握り潰したり、ペーストにしたりして、手で感触を味わうのを楽しみにしていました。

「アート手ごねせっけん」を作るようになって感じたことは、自分が昔から大切にしている〝五感〟をフルに活用することが最高の楽しみだということ。植物からのメッセージを聞き、感じ、その旬や状態を見分け、香りを楽しみ、味わうことも時にはして、そして自分の両手で思いっきり

自宅やイベントでの「アート手ごねせっけん」講座。大人も子どもも、粘土遊びのようにワクワク!

それらのエネルギーを感じで楽しく制作できるもの。それが「アート手ごねせっけん」だと思います。

森の中に暮らしていなくても、素材が持つ〝自然〟や〝四季〟のエネルギーを五感で味わうことは、どこにいてもできますよね。そしてその感覚は〝自然〟とつながるだけでなく〝本来の自分自身〟ともつながれるのではないかと思います。慌ただしい時でも、せっけんを作りはじめるとスッと心が落ち着いてきます。小さな頃、お母さんが作ってくれたおむすびや、お寿司屋さんが勢い良く掛け声をかけながら作った握り寿司を食べると、元気がでませんでしたか？両手を使って何かを作るということは〝エネルギーがそこに宿る〟ということだと思うのです。

どうぞ自分の為に、大好きなあの人に、アート手ごねせっけんを作ってみてくださいね。

小さな子どもでも、素手でこねて楽しめる

手作りせっけんの種類と製法の違い

ここからは、せっけんを作る際に知っておきたい最低限の基礎知識をお伝えしますね。
手作りでせっけんを作るには大まかに次の4種類の方法があります。

(1) コールドプロセス製法
(2) ホットプロセス製法
(3) グリセリンソープ
(4) リバッチ法

(1) コールドプロセス製法（冷製法）

「冷製法」とも呼ばれている。さまざまなオイル（油脂）と苛性ソーダを化学反応（鹸化）させて作り、熱を加えないのが特徴。手作りせっけんとしては一番世の中で知られているポピュラーなタイプ。

選ぶオイルによって泡立ちや保湿力などにも違いが出てくるので、ベースのオイルを選ぶ楽しさがあり、オイル（油脂）の特性をよく知ることがポイント。低温でゆっくりと時間をかけて制作するため、オイル（油脂）の劣化を最小限に抑えることができる。ただし劇物として知られている苛性ソーダ（水酸化ナトリウム）を使用するため、取り扱い方をしっかりと把握し、細心の注意を心がけて制作することがとても重要。

また、せっけん液を流し入れる型が必要になり、専用の型も販売されている。牛乳パックなどを型にすることも可能。このコールドプロセス法で作られたせっけんは、制作後すぐには素手では触れることができずアルカリに傾いているので、もちろんすぐに使用できない。子どもや動物の手が届かない安全な場所で、約一ヶ月～数ヶ月熟成させてＰＨのバランスをとっていき、完成。

⑵ ホットプロセス製法（釜炊き製法、またはバッチ法）

一気に油脂を凝固させて作る方法。こちらは「釜焚き製法」、または「バッチ法」などとも呼ばれる。オイル（油脂）に苛性ソーダ水を混ぜ、高温で一気に油脂を凝固させて作る。せっけんが固まればすぐに使うことが可能。コールドプロセス法と同様に苛性ソーダを使用するため、作業時には細心の注意を払う必要がある。

できあがるまでの時間が早いので大量生産に向いている。ただし高温で行われるため、オイルやハーブなどの成分が劣化してしまうことが考えられる。また、繊細な模様が入ったデザイン性のあるせっけんは制作しづらく、素朴な風合いに仕上がる。

⑶グリセリンソープ（MPソープ）

別名の「MPソープ」は、溶かして注ぐ＝（Melt and Pour）を意味している。電子レンジや湯煎にかけ、市販されているベースせっけんを溶かして型に流し込むだけで完成。簡単にさまざまな形のせっけんを作ることができる。

グリセリンの含有量が多いのでしっとりとした洗い上がりになる。水分を吸収しやすく、溶けやすいゼリー状になることが難点。けれど、半透明の仕上がりになることを活かして色を混ぜれば、宝石のような風合いのせっけんを作ることも可能。グリセリンソープ自体を最初から制作することもできるが、その場合は苛性ソーダを使用しなければならない。

⑷リバッチ法（手ごねせっけん）

この方法は、「Hand Milled Soap（ハンドミルソープ）」と言われている。〝Rebatching〟とは、せっけんを作り直すことで、固形せっけんを再生して新しく作り直すという、せっけん製造の専門用語。

すでに苛性ソーダで鹸化反応を起こして作られた市販のせっけん素地をベースに、それを細かく刻んだりおろし金ですりおろすなどして、そこにハーブ抽出液などを入れてアレンジを加え、手でこねて成形し乾燥させたもの。

ということで本書は、このリバッチ法による「せっけん作りの本」ということになります。リバッチ法の特徴はとにかく安全。薬剤を一切使うことがないので、子どもや年配の方でも安心して作れ、作り方にもよりますが作ったその日から使用することだってできます。せっけん素地の素材を熟知すれば、素材にこだわったせっけんが作れます。何よりも型を使わなくても形成できるので、オリジナルの形が作れることが最大のポイントです。

リバッチ法で作る「アート手ごねせっけん」

では、この「リバッチ法」でせっけんを作ってみましょう。

純せっけんとは、脂肪酸ナトリウムが６％以上（ＪＩＳ＝日本工業規格）のせっけんを指します。パッケージに「無添加」と記入されていても、薬事法の旧表示指定成分枠に入っていなければ「無添加」と明記できてしまうので、成分表まできちんと見るようにしてください。私は講座などで作る際には、せっけんの働きを助ける炭酸塩やケイ酸塩（主に水をアルカリ性にしてせっけんを溶けやすくし、洗浄力を高める目的に使用される）、ＥＤＴＡ.４Ｎａ（エデト酸塩）などの酸化防止剤、エチドロン酸、蛍光剤、香料、着色料、合成界面活性剤を使用していないものを使うことをオススメしています。

純せっけんの中にも純植物性せっけん、牛脂を使用しているせっけん、植物性油脂と動物性油脂をミックスしているものなどさまざまな種類があります。

一般的にパーム油脂は泡立ちが良く溶けにくく、大豆油でできたせっけんは水分を多く含むので溶けやすいですが、しっとりとした洗い上がりになります。洗髪にも向いていて、指通りの良いしっとりしたせっけんができます。動物性の油脂では牛脂入りのせっけんは肌当たりがとても良く、しっとりとやわらかく、モチっとした泡が出ます。

個人的には純植物性せっけんを選ぶようにしていますが、基本的には自分が良いなと思う気に入ったものを選んでください。また純せっけんには固形タイプだけではなく、パウダータイプやチップ状のものもあります。次のページに私のオススメの純せっけんを紹介してありますので、よければ参考にしてくださいね。はじめの頃は固形のせっけんが取り扱いやすいので、まずは固形タイプからトライしてみてください。

固形純せっけんをすりおろしたもの

大粒チップ状純せっけん

パウダータイプ状の純せっけん

Mihoのオススメ純せっけん

固形タイプ

チーズおろし器やおろし金ですりおろしてフレーク状にして使います。すりおろすのが少し手間ですが、細かいフレーク状のせっけんができます。手軽に安く購入できるのと、完全なパウダー状ではないので、せっけん素地を吸い込むことはありません。子どもでもマスクなしで扱うことができます。
☆せっけんを包丁で細かく刻んだ後にフードプロセッサーにかけるととても細かくなります。その場合は要マスク着用！

植物性油脂

- 赤ちゃんも使える植物性石けん 100g×3個入り　TOPVALU
- 純植物性シャボン玉浴用（無農薬パーム核油）100g/155g
  株式会社シャボン玉本舗
- 白雪の詩（パームとパーム核油）180g　有限会社ねば塾
- 釜焚き純植物無添加石けん 85g ×3個入り　ペリカン石鹸

動物性油脂&植物性油脂

- カウブランド無添加せっけん 100g×3個入り
  牛乳石鹸共進社株式会社
- 無添加白いせっけん（石鹸素地100%）108g×3個入り
  ミヨシ石鹸
- 坊ちゃん石鹸 100g /175g　株式会社畑惣商店

パウダータイプ

パウダータイプ使用は中級編。吸い込まないようにマスク着用がオススメです。できあがりのキメが細かく、なめらかで繊細なせっけんが作れます。

パウダータイプの場合は、製品によって制作時に加える水分量を変える必要があります。

粗目～微粒子の順番
①純植物性石鹸パウダー
山澤清の手作り石鹸の素（パームオイル、ココナッツオイル）1kg
株式会社ハーブ研究所
★せっけん100gに対し添加水分20～25gが目安
フードプロセッサーにかけることで更に細かくなります。
②横須賀 純粉石けん（パーム油 / 石鹸分 99%）
財団法人矯正協会刑務作業協会事業部（横須賀）
★せっけん100gに対し添加水分30gが目安
③無添加せっけんパウダー（パームオイルとパームカーネルオイル）
100～500g PEACH-PIG
★せっけん100gに対し添加水分60～70gが目安

チップタイプ

主に、ハーブや手作りせっけん専門店か通販で購入できます。

粒が大きくこねるのに少し力と時間がかかりますが、使い方次第で素朴なカントリー調のせっけんや、お菓子のようなせっけんが作れます。大粒チップをそのまま使うか、フードプロセッサーでせっけんを丸い粒状に砕いて使います。

●植物性純石鹸素地（大豆、菜種、パーム、パーム核使用）
300g～5kg Orangeflower

必要な道具たち

①おろし金
固形純せっけんをすりおろすために使う。大根おろし器、チーズグレーターなどでもOK。

②ボウル / 容器
削ったせっけんやこねるためのボウル、複数用意すること。

③キッチンスケール
計量スプーン
色々な大きさのスプーン
材料を計ったり混ぜたりするために使用。

④ステンレス製の計量カップ
お湯や豆乳などの計量に使用。ステンレスだと短時間であれば直接火にかけることができる。

⑤電動ミル
ドライハーブをパウダー状、ペースト状にするために使用。

⑥ケーキ用スパチュラ
形成時やせっけんをカットする時に使う。

⑦薄い作業用ゴム手袋
素手でもOKだが、あると他の作業に移る時に便利。

⑧こね台やマット
テーブルクロス
形成する際に使用する。お菓子作りの際に使用するマットでOK。テーブルクロスは制作中にせっけんのカスなどが飛び散るので、汚れ防止にあると便利。

⑨ポット、やかん、片手鍋
熱湯を常備しておくと便利。寒い季節はボウルを温めておくためのお湯に、せっけんをこねる時の水分の微調整に、ハーブを煮立たせる際にも使える。

⑩茶こし
ハーブを漉す時に使う。

⑪キッチン用品
せっけんのデザイン作りに。

他にも…
フードプロセッサー
せっけんを細かくする際に使用。
ティーコゼー(ポットウォーマー)
寒い時期、ハーブを蒸らす時や保温のためにあると便利。

基本
Recipe
A

すりおろし固形純せっけん使用
ハニーミルクせっけん

すべてのせっけん作りの基本となるレシピを紹介します。まずは手に入りやすい素材で作ってみましょう。

はじめに、身近なスーパーなどで手に入る「固形純せっけん」を用意してください。基本はお湯とはちみつを入れて作りますが、お湯を豆乳やミルクに置きかえると、さらにしっとりとしたせっけんができあがります。加える水分量を変えれば、パウダータイプやチップ状のせっけんでも制作できます。

なお、この本のすべてのレシピは１００g単位での作り方にしています。一歳未満の赤ちゃん用のせっけんを作りたい場合は、はちみつをメープルシロップに置き換えてくださいね。

材料（1個分）
- 固形純せっけん…100g
- 牛乳（豆乳、熱湯でもOK）…30g
- はちみつ…小さじ1
またはメープルシロップ小さじ1

作り方

❶固形純せっけん 100g をおろし金で削ってフレーク状にし、ボウルに入れる。作業する場所には、汚れてもよいテーブルクロス類を敷いておく。

❷温めた牛乳 30g を少しずつ①のボウルに入れる。

❸薄手のゴム手袋をした手で、クッキー生地を練るようにこねる。簡単に丸められてヒビが入らないくらいの固さを目安に、固ければ水分を 10g 程足す。ゴム手袋を使用しない場合は、はじめにスプーンやヘラなどでかき混ぜ、粗熱が取れた後に素手でこねること。くれぐれも火傷に注意!

❹粗熱がとれたせっけん素地に小さじ 1（5cc）のはちみつを加えてさらにこねる。

❻好みの形に形成。写真は丸型。
形を作る際、寝かしたせっけんが固くなり過ぎていたら、ほんの少し水分（ぬるま湯でOK）を足して、やわらかさ調節をする。

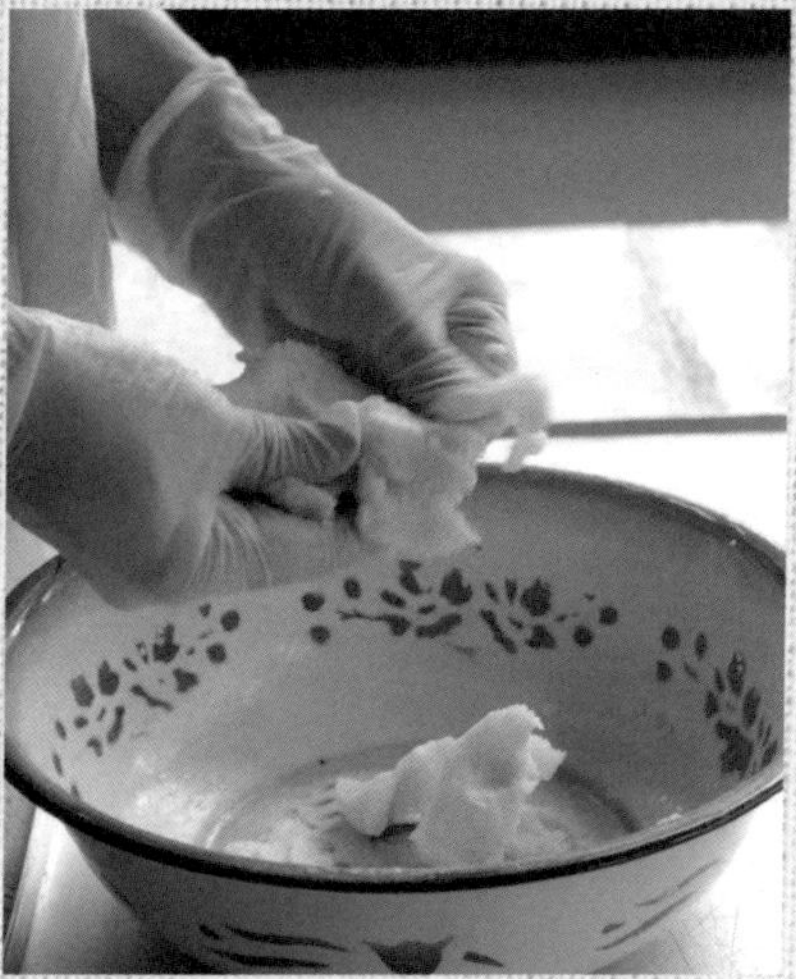

❺たくさんこねればこねるほど、泡立ちがよくなるという説も。十分にこねた後はボウルにラップをするか、蓋のある容器に移し替えて常温で20分ほど寝かせる。これにより水分がよりせっけんに馴染む。

❼風通しの良い場所で、2週間以上陰干しして完成。たまに裏側にし、両面を乾かすこと。

Point

すべてのタイプのせっけんは、作り終えてから2週間ほど風通しの良い場所で裏表を陰干しして使用すること。

長期保存したい場合は1ヵ月ほど陰干しし、紙袋に入れて保存するか、ジップロックに入れて冷蔵庫保存すれば色も香りも褪せにくい。

基本
Recipe
B

パウダータイプ純せっけん使用
豆乳&メイプルシロップせっけん

次は、固形せっけんではなく、パウダータイプのせっけんを使ったレシピを紹介します。このレシピは動物性のもの（乳製品）もはちみつも入れないので、ヴィーガンの方にもオススメだし、一歳未満の赤ちゃんへの使用もできます。

固形純せっけんとの違いは、パウダータイプは季節や湿度で乾燥の度合いが多少違ってくることです。また、パウダータイプを使用する時は必ずマスクを着用してください。細かいパウダーが飛び散りやすいので吸わないようにするためです。子どもが作る場合は、パウダーを優しく取り扱うことができるようになる中学生以上のお子さんにオススメです。

材料（1個分）
●パウダータイプせっけん…100g
※41ページからタイプを選ぶ
●豆乳、または熱湯…20～70g
※41ページの①のパウダーの場合は20～25g、②は30g、③は60～70gが目安
●メイプルシロップ…小さじ1

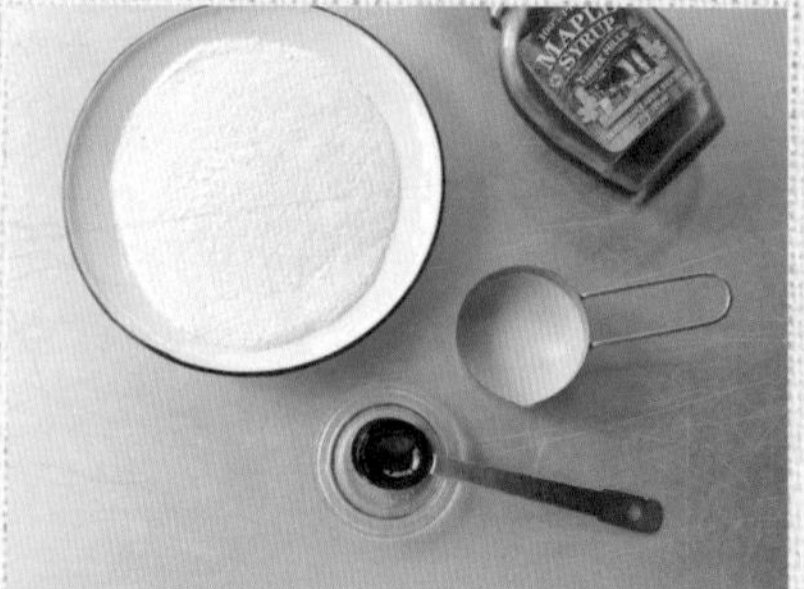

作り方

❶パウダータイプせっけん 100g をボウルに入れる。作業する場所には汚れてもよいテーブルクロス類を敷いておく。温めた豆乳を少しずつボウルに入れて混ぜる。手袋を使わない場合は、はじめにスプーンやヘラなどでかき混ぜ、粗熱が取れた後に素手でこねること。火傷に注意。

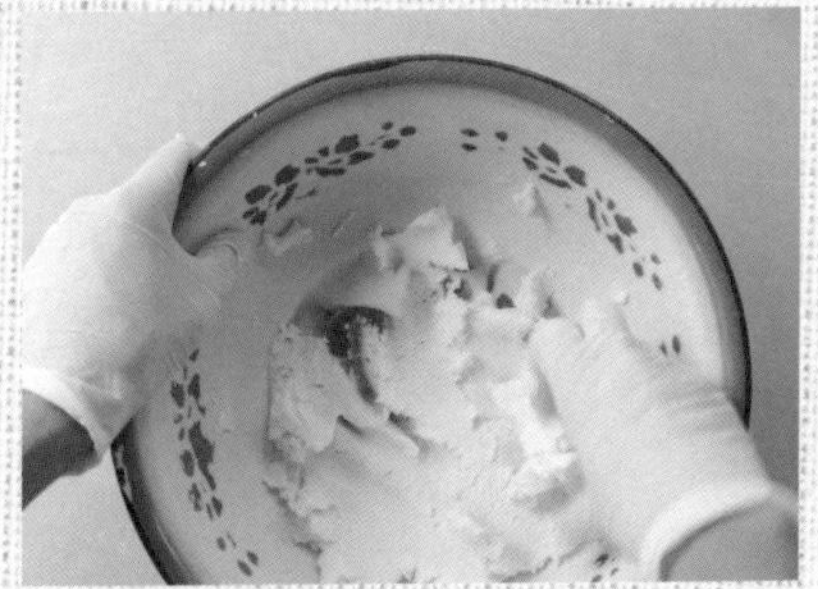

❷メイプルシロップを入れ、更にこねる。よくこねたら、ボウルにラップをするか、蓋のある容器に移し替えて常温で 20 分ほど寝かせる。

❸好みの形に形成する。写真は丸型。生地が固くなり過ぎていたら、ほんの少し水分（お湯）を足すこと。この時、パウダータイプせっけんを表面にまぶしておくと、トッピングしたような仕上がりになる。

❹風通しの良い場所で、2 週間以上陰干ししてできあがり。たまに裏側にし、両面を乾かすこと。

基本
Recipe
C

つぶつぶ状純せっけん使用
ドライorフレッシュハーブ入りせっけん

大きなチップ状のせっけんを購入したら、少しアレンジしてフードプロセッサーで砕くと、小さくて可愛いつぶつぶ状になります。これでせっけんを作ると、カットした時に断面が「雷おこし」みたいになるので、お菓子風のせっけん作りにぴったりです。断面の感じが分かりやすいように、ここではハーブ入りせっけんということで、青じそを使って制作してみました。

まずは、大粒チップ状せっけんをフードプロセッサーにかけます。1分間ほどで細かいつぶつぶになります。すべてのレシピに共通しますが、ハーブはフレッシュハーブを使用する場合、ドライハーブの分量の約3倍量を用意してください。そして念のため、水分調整用の熱湯を常備しておくとよいでしょう。

KURIの森の青じそせっけん

材料（1個分）
- チップ状純せっけん…100g
- ドライ青じそ…2g
- 熱湯…25～30g
- はちみつ…小さじ1

作り方

❶市販の青じそを用意するか、庭や畑で育てている場合は収穫する。ドライハーブを使用する場合は、収穫した青じそを乾燥をさせておく。ドライ青じそは電動ミルか、すりこぎとすり鉢を使ってパウダーに、フレッシュ青じそは同じ要領でペースト状にしておく。

❷チップ状純せっけんを、フードプロセッサーで1分間ほど粉砕しボウルに入れる。夏場は冷蔵庫で冷やしてから粉砕すると、粘らずキレイに丸く砕ける。

❸熱湯（25～30g）をステンレス製の計量カップに入れ、①の青じそパウダーを入れる。カップに蓋をかぶせて5～6分蒸らし、ハーブ抽出液（濃いめのハーブティー）を作る。
フレッシュハーブを使用する場合、2gではなく3倍量の6g用意して、同じ分量の熱湯で同じく抽出液を作る。

❹ ③の抽出液をひと煮立ちさせたものを②のボウルに入れ混ぜ、クッキー生地を練るようにこねる。手袋を使わない場合は、はじめにスプーンやヘラなどでかき混ぜ、粗熱が取れた後に素手でこねること。火傷に注意。

❻更にこねる、こねる、こねる!
生地がまとまってきたらボウルにラップをするか、蓋のある容器に移し替え、常温で 20 分ほど寝かせる。

❺粗熱が取れた④のせっけん素地に、小さじ 1 のはちみつを加える。

❼好みの形にする。写真は丸型。完成したら、風通しの良い場所で 2 週間以上陰干ししてできあがり。たまに裏側にし、両面を乾かすこと。

Point

チップ状純せっけんをフードプロセッサーで粉砕すると、このようなつぶつぶが残った仕上がりになる。

ケーキ用スパチュラなどで丁寧に切れば、断面も可愛いせっけんのできあがり!

Arrange

左はドライ青じそ2g、真ん中はフレッシュ青じそ6g、右はドライ青じそ6gを使用。分量や素材が変わると雰囲気も変わる。

ハーブの取り扱いアドバイス

抽出液だけを使う部分
柔らかな葉や花の部分だけでなく茎や固い部分でも細かく切って煎じれば、植物を余すことなく使い尽くす事が出来るよ。

朝日のエネルギーがたっぷり詰まったハーブ達。

ハーブは朝つゆが乾く朝10:00位までに摘もうね。

摘み取ったハーブは車の中で干すといい香り。

そして、良く乾くよ。

ハーブ類は8分咲きで摘み取れたらベスト。

室内の風通しの良いいろんな場所に引っ掛けて乾燥させよう。

せっけんに直接パウダー、又はペーストにして練り込む場合
固い部分はとり除く

基本
Recipe
D

大粒チップ状純せっけん使用
ココアはちみつせっけん

今度はフードプロセッサーにかけずにそのまま大粒チップ状の純せっけんを使って、ココアはちみつせっけんを作ってみましょう。

大粒チップ状の純せっけんを使うと素朴な表面のカントリー風のせっけんができあがります。つぶつぶ状純せっけんと同じく、断面を活かすせっけん作りにとても向いています。

このレシピではココアを入れてみましたが、まるで美しいアーモンド入りのお菓子、ヌガーのように仕上がりました。ただし大粒チップタイプのせっけんを使用する場合、水分量には注意が必要です。

材料（1個分）
- 大粒チップ状純せっけん…100g
- 熱湯…15g ～ 20g
- ココアパウダー…2 ～ 4g
- はちみつ…小さじ1

作り方

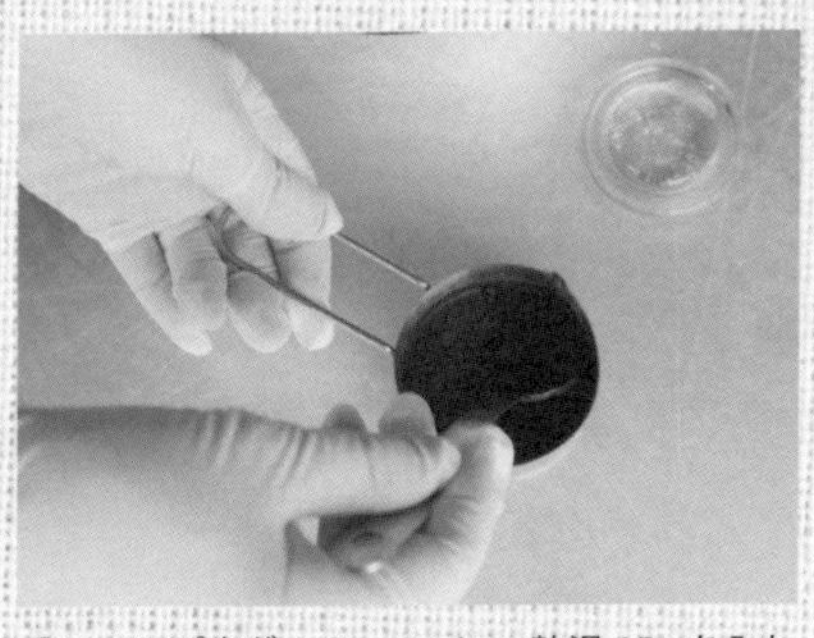

❶ココアパウダー 2 ～ 4g に、熱湯 15g を入れよく混ぜる。

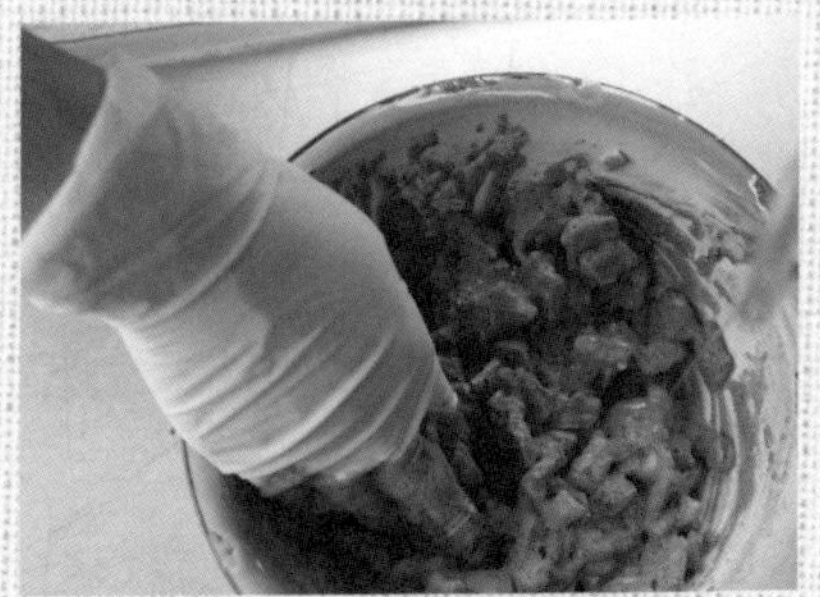

❷ボウルに大粒チップ状純せっけんを入れ、①を加えてこねる。手袋を使わない場合は、はじめにスプーンやヘラなどでかき混ぜ、粗熱が取れた後に素手でこねること。火傷に注意。
粗熱がとれたらはちみつを加え、さらにこねる。ほかの基本レシピよりも、握りつぶすような感じでしっかりとこねる。

❸生地がまとまってきたらボウルにラップをするか、蓋のある容器に移し替え、常温で 20 分以上寝かせる。せっけんのチップが大きいほど、放置時間を長くとった方がベター。形成のポイントは直前に再度練り直すこと。ゴム手袋は一度キレイに洗ってから形成すること。写真は丸型。

❹完成。楕円形にしてケーキ用スパチュラで切ればお菓子のような仕上がりに。風通しの良い場所で、2 週間以上陰干ししてできあがり。

Point
こね始めは生地がバラバラしているが、10 分以上こねていると、だんだんまとまってくる。

せっけんの形は四角形？ 楕円形？

今までにたくさんの「アート手ごねせっけん」のワークショップをさせていただいて、感じたことがあります。それは形について。

「好きな形にしていいですよ〜」と言うと、必ずといっていいほど四角か楕円形、または平たい丸型を作る大人がとても多いのです。そして「型は使わないんですか？」とよく質問されます。はい、型は基本的に使いません。その方が手に取った時に角がないし、優しい手触りになると私は思っています。そして発想がもっと柔軟になれます。

私たちがイメージするせっけんは、同じ大きさ、使いやすい四角形や楕円形が主ですよね。それはそれで美しいのですが、アート手ごねせっけんを作る場合は、その固定されたイメージを一度外してみてください。次のページでは主に子どもたちが作ったせっけんを紹介しますが、どれも天才的にユニークです。

私が今まで制作した中で面白かったのが、「焼きハニーミルクせっけん」。これは制作したせっけんを、バーナーでクレームブリュレのカラメルを焦がすように焼いてみたもの。部屋中においしそうな匂いが広がりました。そしてここ最近はまっているのが、同じ歌をひたすら歌いながら作るせっけん。サイモン＆ガーファンクルで有名になった、『スカボローフェア』という、イギリスの中世から歌われていた民謡では、「パセリ、セイジ、ローズマリー＆タイム」という、歌詞に出てくる素材をそのまま使って作ってみました。さらにそこにはちみつをプラスしてみたら、まるでせっけんに魔法がかかったように思えてとても楽しい時間になりました。

自分で作るせっけんは、色々な工夫ができます。旅行用には小さなコイン型せっけんを何個も作っておいて、それを持参しています。台所やトイレなどに吊るすせっけんはロープをつけて作ればせっけん置きいらず。自分用にはシンプルな形を作ることが多いけれど、友だちへのプレゼントにはインテリアとしての置物にもなる、色とりどりのオブジェせっけんを制作。ケーキそっくりにしたり、猫の形にしたり。でもそれらはせっけんなので、手放したくなった時にはゴミにはなりません。しっかり最後まで使えるプレゼントになります。アート手ごねせっけんは、〝自然の循環を壊さず、楽しんで使い切れるもの〟でもあります。

ではいよいよ次の章から地球に優しく、瞑想的で自然と自分がつながることができる「アート手ごねせっけん」の四季の素材を使ったレシピを紹介していきますね。

色々な形が作れます!

Mihoの作品

ボンボンショコラソープ

マカロンソープ（ピンククレイ入り）

小鳥ソープ

ホールケーキせっけん

お茶会せっけんセット

フラワーソープ

子どもたちの作品

右ページは、私が今までに作ったせっけんのほんの一部です。
そして上はワークショップに参加してくれた主に子どもたちの作品。
色々な形があって、楽しくなりますよね。
いつもの自分のパターンからはみ出して、
「世界にひとつだけのせっけん」を楽しんでくださいね！

第二章
春の「アート手ごねせっけん」

春の森の散歩道

お日様の
エネルギーいっぱいの
庭のたんぽぽ

KURIの森で育つ
ハーブ色々

コーヒーの魔法

寒い冬から少しずつ光を感じる季節になってきました。とはいってもＫＵＲＩの森では、まだ薪ストーブなしには過ごせない寒さです。春になったからといって油断は禁物。３月、４月にどかっと雪が降ることもあるからです。

この３６０度見渡しても隣に民家がない森の家での暮らしは、土地の開墾からはじまりました。今でこそ電気とガスはありますが、水は森の湧き水を山から引いています。ですから、料理でも洗濯でも、すべて湧き水を使っていることになります。私は朝はソイミルクティーを、そしてパートナーのＫａｔｓｕちゃんは大のコーヒー好きなので、この湧き水で淹れるコーヒーを毎朝楽しみにしています。

長年に渡って使い込んだコーヒーミルで、コーヒー豆を挽くＫａｔｓｕちゃんは毎朝そのコーヒーの出がらしを天日干しにして、庭の手作りコンポストトイレ用にとっておきます。コンポストトイレは水を一切使わない代わりに、用を足した後に腐葉土などをその上にかける仕組みになっていて、そうすることで微生物の働きでふかふかの堆肥に変化します。腐葉土や落ち葉などもそのために常備していますが、コーヒーカスを使うと消臭効果があります。

静かな朝のコーヒータイムは瞑想的な時間

そんなコーヒーを利用して、蛇口に引っ掛けて使えるロープ付きの「ガーデナーズソープ」作りましょう。コーヒーカスを入れるとスクラブ効果があって、手の平や爪の間の汚れも優しく取り去ってくれます。春の土いじりの後にもぴったりですね。

ポットの中の種まき

Recipe 01

コーヒーで作る ガーデナーズロープソープ

春が遅いKURIの森では、春分の日が過ぎても大地はやっと少し緑がかかる程度で、森はまだ冬のように静まりかえっています。春になるとコーヒーを片手に、フキノトウや小さなセリを摘みに庭へ出かけています。

このせっけんはコーヒーカスをリサイクルするところにポイントを置いていますが、もちろんフレッシュなコーヒー粉やコーヒー液で作ってもOK。効能がたくさん取り込めるはずです。また、麻ヒモを入れ込む際には最後の仕上げの時にしっかりと両手で握りしめて、ヒモとせっけんの隙間をなくしてください。スタンプを押す場合は、スタンプの表面にオイルを薄く塗るか、表面が少し渇いた状態で押すとうまく押せます。

材料（2個分）

A

- 固形純せっけん…100g
- コーヒーのでがらし…二杯分

※細挽きと粗挽きでスクラブ感が変わる。お好みで調整

- 熱湯…100g
- はちみつ…小さじ1

B

- 固形純せっけん…100g
- 熱く温めた豆乳…30g
- はちみつ…小さじ1
- 極太麻ヒモ（園芸用）や好みのロープ… 好みの長さ

作り方

1. A）ボウルにすりおろした固形純せっけん100g を入れる。ステンレス製の計量カップに熱湯100g とコーヒーの出がらし約二杯分を入れ、5分間煮る。茶こしで濾して、濃いコーヒー抽出液を作る。この時、漉したコーヒーカスは捨てないこと。
2. 抽出液を25g はかり、漉した後の水気を切ったコーヒーカス10g と共にせっけんが入ったボウルに加え、手でこねる。粗熱が取れたらはちみつを加えてさらにこね、その後、蓋付き容器に移し替えるかラップをかけて、20分間ほど寝かせる。
3. B）ボウルにすりおろした固形純っけんを入れ、熱く温めた豆乳30g を加え、手でこねる。粗熱が取れたらはちみつを加えてさらにこね、その後、蓋付き容器に移し替えるかラップをかけて、20分間ほど寝かせる。
4. 極太麻ヒモを二つ折りし、その先端にひとつの結び目を作っておく。
5. 形成していく。A、B それぞれの生地を再度やわらかくなるまで練り直す。固くて練りにくい感じなら、分量外のお湯や抽出液などの水分を加えて調整する。A、B の生地を二等分し、1ピースずつ組み合わせて丸いせっけんを作る。それをロープの結び目の側に埋め込み、しっかり握って固定させる。
6. 風通しの良い場所で2週間以上陰干して完成。

廃校になった学校跡にて

桜ノスタルジア

ＫＵＲＩの森から歩いて数分の所に、廃校になった小学校があります。そこには毎年、素晴らしく美しい桜が咲きます。地域の方々もこの季節は「いつ桜が咲くのかな？」と心待ちにしているようで、ソワソワしています。廃校に桜並木。散歩で近くを通るたびなんだか懐かしく、美しいけれどはかなく寂しい、そんな思いが込み上げます。そんな気持ちを再現したのがこのせっけん「桜ノスタルジア」。せっけんには桜は入れませんが、ノスタルジックな色合いはシナモンと紅茶で作れます。

そうそう、シナモンの香りもどこか〝懐かしさ〟を感じませんか？以前イギリスに暮らしていた頃、とあるカフェで「シナモンティー」をオーダーしました。すると、出てきたのは数本のシナモンスティックが入ったお湯だけ。「これがシナモンティーなの?」と思いましたが半信半疑、一口そのお湯をすすると、なんとお砂糖を入れたかのような甘い味とシナモンの香りが口の中いっぱいに広がり驚きました。ぜひシナモンスティックと熱湯だけでお茶を作ってみてください。おいしいだけでなく、身体が温まり血行も良くなります。

　うちでは、インドネシアに音楽ツアーに行った際に大量にシナモンスティックを購入してきたので、それを少量ずつ電動ミルでパウダー状にして焼きりんごやカプチーノ、そしてせっけん作りなどに利用しています。ただし、せっけん作りにシナモンはたくさん使うと刺激が強いのでご注意を!

シナモンスティックを荒く
砕いて
熱湯に入れて10分くらい
置くか、しっかり煮出すだけ。
お砂糖の様に甘い
シナモンティー。
シナモンティー

Recipe 02

桜ノスタルジア 〜シナモンミルクティーのせっけん〜

紅茶には毛穴引き締め効果があると言われています。紅茶のティーバックを手でぎゅっと絞った時に、そう感じませんか？紅茶のタンニンは髪のキューティクルを引き締め、髪に輝きを与えてくれるという説も。そして殺菌作用もあるので、飲み残しはうがい薬としても使えます。紅茶はできるだけオーガニックのものを使って下さいね。

形成のポイント

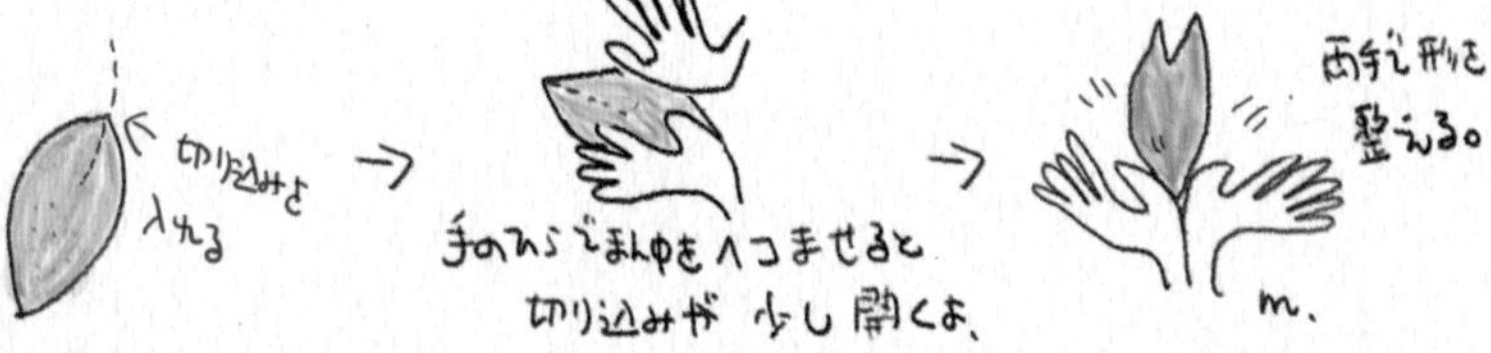
切り込みを入れる
手のひらでまん中をへこませると
切り込みが少し開くよ。
両手で形を
整える。
m.

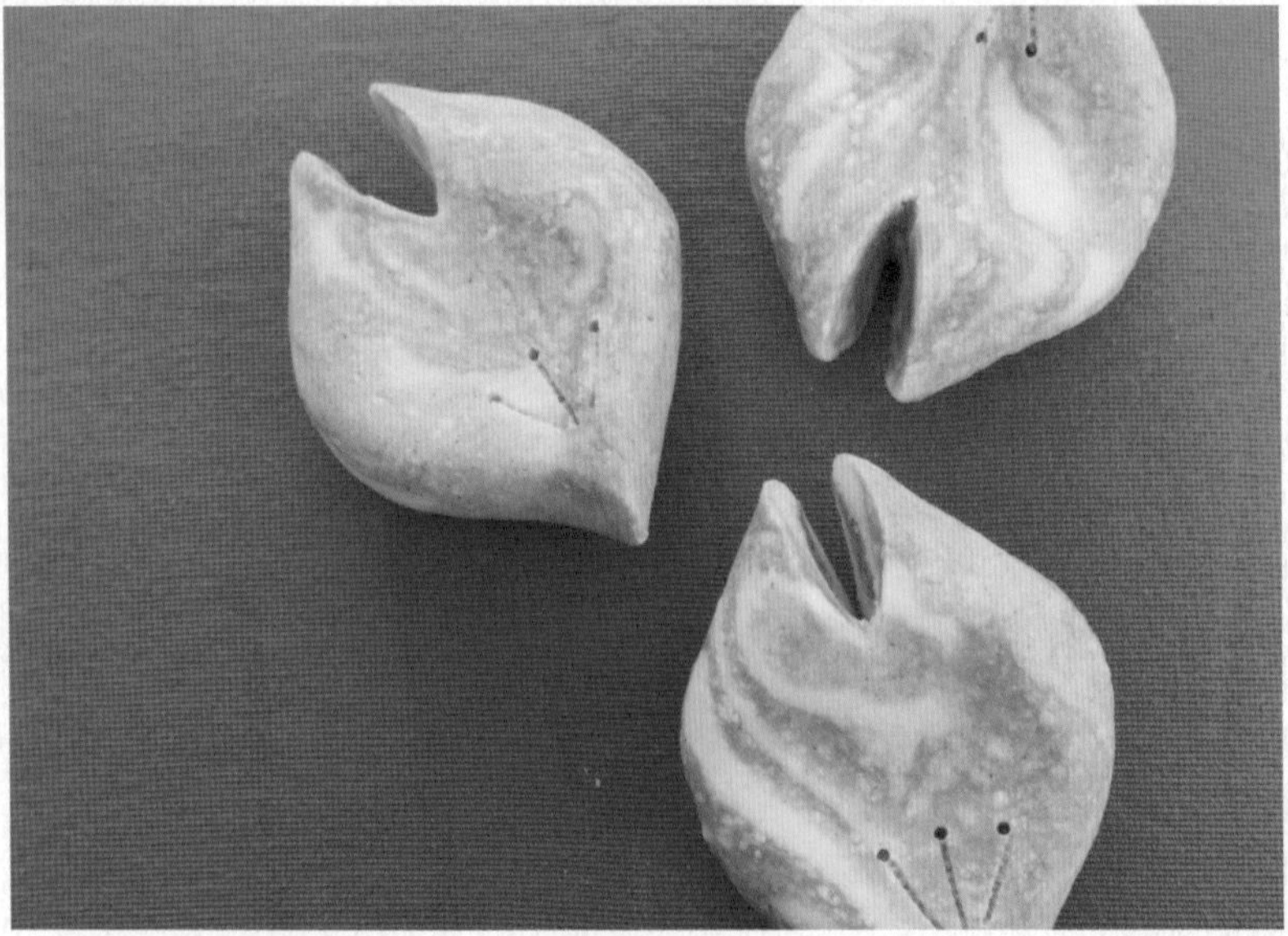

材料（3個分）

A

- 固形純せっけん…100g
- オーガニック紅茶…ティーバック1個

※出がらしのドライ茶葉でも十分使用可能

- 熱湯…50g
- はちみつ…小さじ1

B

- 固形純せっけん…100g
- シナモンパウダー…小さじ1/2
- 熱湯…30g
- はちみつ…小さじ1

C

- 固形純せっけん…100g
- 牛乳 or 豆乳…30g
- はちみつ…小さじ1

作り方

1. A）ボウルにすりおろした固形純せっけん100gを入れる。ステンレス製の計量カップに乾燥茶葉の紅茶の出がらしと熱湯50gを入れ、蓋をして5分間蒸らす。さらに弱火で紅茶を煮出し、茶こしで漉す。漉した紅茶30g分をせっけんが入ったボウルに加え、手でこねる。粗熱が取れたらはちみつを加えてさらにこね、その後、蓋付き容器に移し替えるかラップをかけて、20分間ほど寝かせる。
2. B）ボウルにすりおろした固形純せっけん100gを入れる。ステンレス製の計量カップにシナモンパウダー小さじ1/2を入れ、熱湯30gを注ぎ、蓋をして5分蒸らす。蒸らしたら弱火にかけひと煮立ちさせ、せっけんが入ったボウルに加えて手でこねる。Aと同じ工程で20分間ほど寝かせる。
3. C）ボウルにすりおろした固形純せっけん100gを入れる。ステンレス製の計量カップに牛乳 or 豆乳30gを入れ、弱火にかけてひと煮立ちさせる。せっけんが入ったボウルに加えて手でこねる。A、Bと同じ工程で20分間ほど寝かせる。
4. 形成していく。A、B、Cをそれぞれを再度やわらかくなるまで練り直し、3つの生地をひとつにまとめ、1本の棒状に伸ばす。伸ばしたら二つ折りにし、また棒状に伸ばす作業を自分が好きな混ざり具合になるまで何回も行う。
5. 生地を三等分し、それぞれボール状にしたら楕円形に平たくする。上部に少し切り込みを入れ、桜のような形に手やヘラを使い整えていく。
6. 風通しの良い場所で2週間以上陰干して完成。

KURIの森のお医者さん、よもぎ

春のお散歩は、よもぎに出会いたくていつも下を向いて歩いてしまいます。よもぎの新芽は春の野草酵素の材料にしたり、お餅やおかゆ、パンケーキに入れたり、少し大きくなってきたら乾かしてお茶にしたり、お風呂に入れて楽しみます。

以前、家で何かの作業をしていた時に指を深く切ってしまったことがあります。けっこう血がでたので自家製の薬草蜜蠟クリームを塗りましたが血は止まらず「困った〜」と思って庭に出て、よもぎをひとつまみ揉んで切り口に押し付けたら……なんと一瞬で血がピタッと止まっ

この時期は庭で野草を摘み、おかゆのトッピングにしていただく

てしまったのです！さらによもぎは鉄分が豊富に含まれており、造血作用があるので、食べると貧血に良いと言われています。他にも濃いめに煮出したよもぎ茶に寒天を少し入れ、やわらかめに固めた寒天ゼリー風のものを冷蔵庫に常備しておけば、虫刺されのかゆみ止めの薬として使えます。

私は体調を崩した時には、快医学と操体法という健康法の講師でもある友人の藤田政弘さんの診療所を訪れます。そこでは活性器といって、よもぎの煙を全身にあてる施術をしてくれるのですが、それがとても心地よく身体も温まり、いつもうたた寝をしてしまいます。

そんな春の万能薬、よもぎをたっぷり使ったせっけんを作ってみましょう。

よもぎ餅と桜、日本茶で春を迎えたある日のおやつ

Recipe 03 フレッシュよもぎジュースせっけん

ここでは薬草本来のエネルギーを取り入れるイメージで、フレッシュなよもぎを摘み取ってせっけんを作りましょう。春一番の新芽はエネルギーの塊。よもぎ餅に加えるよもぎも、この時期のものが良いと言われています。よもぎを入れたお粥やお茶もいいですね。

形成のポイント

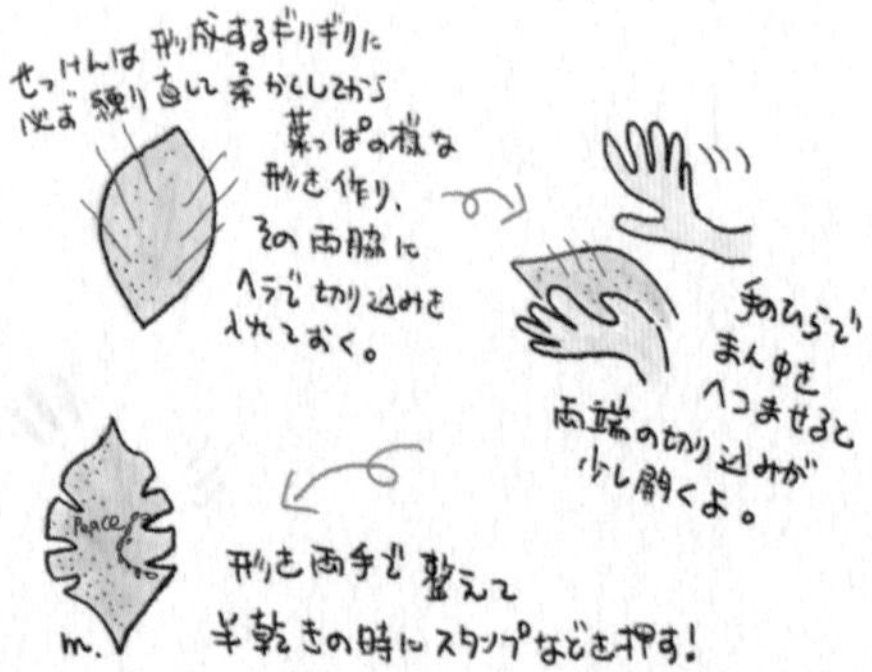
せっけんは形成するギリギリに
必ず練り直して柔らかくしてから
葉っぱの様な
形を作り、
その両脇に
ヘラで切り込みを
入れておく。
手のひらで
まん中を
へこませると
両端の切り込みが
少し開くよ。
形を両手で整えて
半乾きの時にスタンプなどを押す!
Peace
m.

For you
For you

材料（1個分）

- パウダー状純せっけん…100g

※41ページからタイプを選ぶ

- よもぎ（フレッシュ）…6g

※やわらかい部分のみ使用。※ドライの場合は2g

- 水…41ページの①のパウダーを使用する場合は20 ～ 25g、②は30g、③は60 ～ 70g
- はちみつ…小さじ1

作り方

1. ボウルにパウダー状純せっけん100gを入れる。
2. よもぎ6gはやわらかい葉と茎の部分のみを摘み、41ページ①のパウダーを選んだ場合 20 ～ 25g、②は30g、③は60 ～ 70gの水と共に電動ミルにかける。よもぎジュースができたらステンレス製の計量カップに入れ、ひと煮立ちさせ蓋をして5分間蒸らす。※ドライよもぎ2gを使用する場合は電動ミルでパウダー状にしてからステンレス製の計量カップに入れ、せっけんのタイプに応じたそれぞれの分量の熱湯を注ぎ、蓋をして5分間蒸らす。
3. 蒸らした液体を再加熱して、1のボウルに加えて手でこねる。粗熱が取れたらはちみつを加えてさらにこね、その後、蓋付き容器に移し替えるかラップをかけて、20分間ほど寝かせる。
4. 形成していく。生地を再度やわらかくなるまで練り直す。まず団子状にきれいな丸にしてから、次に平たい楕円形にし、上下の先を笹のような形に尖らせ、ヘラやナイフで斜めに数切れずつ切り込みを入れる。真ん中を少しくぼませ、半乾きになったらスタンプなどで模様をつける。
5. 風通しの良い場所で2週間以上陰干しして完成。

Strawberry Heaven

ここＫＵＲＩの森での苺の収穫時期は遅く、５月後半から６月上旬です。この時期は桑の実もあちらこちらに実るので、鳥やアリさんたちとの攻防戦をしながら毎日ジャムや酵素シロップ作りに大忙しです。

小さい頃から大好きだった苺の食べ方は、練乳との組み合わせ。私たちアジア人は練乳を使う文化があって、ベトナムをはじめデザートや飲み物さまざまに練乳が使われています。一方、イギリスで「苺を練乳で食べるのが好き」と言ったらびっくりされてしまいました。イギリスでは〝Ｓｔｒａｗｂｅｒｒｉｅｓ＆Ｃｒｅａｍ〟と言って、夏の到来を象徴する伝統的なウィンブルドンのテニス観戦のお供として定番のスウィーツで、さっぱりした感じのさらっとした生クリーム（シングルクリーム）を苺にかけていただきます。ＫＵＲＩの森の苺は最初はとても自然ですっぱい苺でしたが、少しずつ

6月の庭の恵み

庭で収穫した桑の実といちご（右）。左上から、庭の苺と手作り豆乳ヨーグルトの朝食、苺と桑の実の豆乳ムース、苺のパンケーキ、２色の芋ようかんと苺のおやつ

味が変わり、だんだん甘くなってきました。丁寧に育て始めたら味までもが変わってきてびっくり！自然は正直に答えてくれるのだなあと改めて感じます。

ナチュラルコスメを作るならば、苺にはビタミンＣの他にも、ＡＨＡという古くなった角質を優しく取り除いてくれるフルーツ酸も含まれているので、美白効果があるというヨーグルトと混ぜてフェイスパックにするのもオススメです。また、ホワイトニング効果があることも有名な話で、苺を潰して重曹を混ぜて歯磨き粉の代わりとしても使えます。

この「苺ロープせっけん」では生の苺ではなく、手ごろに使えるストロベリージャムを使います。苺のつぶつぶが可愛くてスクラブ効果もあり、ジャムに入っている糖分と練乳が肌をやわらかく保ってくれるので、一石二鳥です。

Recipe 04 苺ジャムと練乳のロープせっけん

みなさんは、“クレイ”をご存知ですか？クレイには色とりどりの種類があって、それぞれに効能があります。かゆみに効く「グリーンモンモリロナイトクレイ」や、髪や地肌に良い「レッドクレイ」など。「ピンククレイ」は「ホワイトクレイ」と鉄分を多く含む「レッドクレイ」をブレンドしたクレイで、敏感肌や赤ちゃんにもオススメなバランスの良いクレイです。

「ピンククレイ」はせっけんに加えるとほんわか優しいピンク色になり、気分も上がります。さらにここではポピーシードも使っています。ポピーシードのつぶつぶをせっけんに練り込むと本物の苺みたいな仕上がりになります。ちなみにこのレシピでは苺ジャム、そして練乳を使用しているのではちみつは使いません。

材料（3セット分）

A

- パウダー状純せっけん…200g ※41ページからタイプを選ぶ
- ピンククレイ or ローズクレイ…小さじ1/2
- ポピーシード or アマランサス… 小さじ1/2
- 苺ジャム…20g
- 熱湯…41ページの①のパウダーの場合は30g、②は40g、③は100g

B

- パウダー状純せっけん…100g ※41ページからタイプを選ぶ
- ドライよもぎ…2g
- 熱湯…41ページの①のパウダーの場合は20 ～ 25g、②は30g、③は60 ～ 70g
- 練乳…小さじ1
- 極太麻ヒモ（園芸用）や好みのロープ… 好みの長さで3本

作り方

1. A）ボウルにパウダー状純せっけん200gとクレイ、ポピーシードを各小さじ1/2ずつ入れる。ステンレス製の計量カップに、41ページ①のパウダーを選んだ場合30g、②は40g、③は100gの分量の熱湯と苺ジャム20gを入れ、ひと煮立ちさせる。それをせっけんが入ったボウルに加えしっかりこね、蓋付き容器に移し替えるかラップをかけて、20分間ほど寝かせる。
2. B）ボウルにパウダー状純せっけん100gを入れる。ステンレス製の計量カップに電動ミルでパウダー状にしたドライよもぎ2gを入れる。そこにせっけんのタイプに合わせた分量の熱湯を注ぎ蓋をして5分間蒸らし、さらに小さじ1の練乳を加えて再加熱する。それをせっけんが入ったボウルに加えてしっかりこね、蓋付き容器に移し替えるかラップをかけて、20分間ほど寝かせる。
3. 極太麻ヒモなど好みのロープの両端に結び目を作っておく。
4. 形成していく。生地がやわらかくなるまで練り直し、A、Bの生地それぞれを六等分して丸める。A、Bを1ピースずつ手にとり、2色が合わさったボールを6個作る。Bの生地が苺のヘタ部分になるので、上部1/3、Aの実の部分が下部2/3になるように形を整える。
5. 小指で生地の上部に穴をあけ、そこにロープの結び目を入れてしっかりと握り固定する。再度、苺の形にせっけんを整える。半乾きになったらヘラや爪楊枝などで模様をつける。
6. 風通しの良い場所で2週間以上陰干しして完成。

Spring Column

春の野草で作るおいしいもの

私は小さな頃からお料理が大好き。
このコラムではほんの少しですが、季節ごとに作っている
おいしいもののレシピを紹介したいと思います。
春は野草を使ったドレッシングやシロップなので、
さまざまな料理に使ってみてくださいね。

カキドオシドレッシング

材料

- カキドオシビネガー… 大さじ3
- オイル…大さじ2
- 塩…小さじ1/2
- レモン汁…小さじ1
- 玉ねぎみじん切り…適量
- レモン酵素…小さじ2と1/2（77ページのレシピ参照）

カキドオシビネガーはビンにカキドオシの花を入れ、花の5倍量のビネガーを注いで漬け込み、2週間後に漉してできあがり。そのビネガーに材料を混ぜて作るドレッシングです。

庭で摘んだ野草と山菜の天ぷらをカキドオシドレッシングでいただく（右）、カキドオシの花を摘んで（左）

カラスノエンドウシロップ

材料

- ●カラスノエンドウの花…20g
- ●砂糖…100g
- ●水…100g
- ●レモン汁…10g

カラスノエンドウの花だけをたくさん摘んだら、砂糖と水でゆっくり煮てガムシロップ風に。花は途中で漉します。レモンの酸味を加えるとさらに美しい色に！

季節の恵み
酵素シロップ春バージョン

材料

- ●春の野草…1
- ●砂糖…野草に対して1.1倍の分量

消毒した容器に春の野草、砂糖を交互にかぶせる。毎日手でかき混ぜ、10日間程して砂糖が溶けたら、中の野草を漉して完成。

野草など、加える素材1に対して、砂糖の量は1.1倍を加えます。
大きな広口ビンを用意
いろんな種類の野草（又は季節の素材）
×ニラとかノビルはNG おいしくないです。
m.

※野草や果物、野菜でも同様の作り方です。

Miel de Pissenlits ～たんぽぽのジュレ～

材料

A

- たんぽぽの花…365輪
- 水…1ℓ
- オレンジの絞り汁…2個分
- レモンの搾り汁…2個分
- オレンジやレモンの種

B

- 砂糖…1kg（減量可）

フランスでお世話になった方が教えてくれた、修道院などで古くから伝わるオリジナルレシピ。

Aの材料をすべて鍋に入れて、1時間ほどことこと煮る。たんぽぽや種を木綿の布などで漉し、Bの砂糖を加え、さらに1時間煮詰めて完成。

・普段の生活の中に自然や、植物のエネルギーと繋がる事を求めている方
・世界のナチュラルコスメに興味のある方
・子供をはじめ、老人福祉施設等での利用者様と共に、安全性の高い（手のリハビリなども含む）作業過程を一緒に楽しんで創作したい方

・世界の女性達と薬草
・暮らしの中から生まれる薬草の知恵
・身近な素材から見るナチュラルコスメ的使い方
・音楽とせっけん、五感を研ぎ澄ますという事
・手ごねせっけん作りのポイントと楽しみ方
・質疑応答＆交流会

●開催概要

■開催日時　2021年11月13日（土）13:00～17:00　■受講料　7,000円＋税
■受講形式　①会場受講：限定15名　②オンライン受講：定員無し
■特　典　セミナーを収録した動画を一定期間ご視聴いただけるIDとパスワードを進呈。
■会　場　東京都内予定　■申込締切　開催日前日まで　※定員に達し次第締切

●講師　三穂＊Miho

ミュージシャン、アート手ごねせっけん作家、日本オーガニックコスメ協会認定オーガニックコスメ・セラピスト。山梨、八ヶ岳南麓の里山にある手作りのスタジオを拠点に、森の暮らしや旅で生まれたインスピレーションを音楽やせっけんにして表現しているクリエーター。これまでに約2万個以上の手ごねせっけんを手作りしている。国内外の旅で女性たちを中心にインタビューを行いながら手に入れた特選素材や自宅の里山で摘み取った薬草などを組み合わせ、世界にひとつしかない「アート手ごねせっけん」を制作。
https://linktr.ee/studiokuri

●受講のお申し込みは下記の専用HP、お電話などにて

こちらでご紹介したセミナーは、お電話、弊社HP、メール、FAXにてお申込みいただけます。

TEL：03-3469-0135（平日10:00～18:00）
FAX：03-3469-0162（24時間）
HP：therapylife.jp/live_seminar/
e-mail：seminar@bab.co.jp

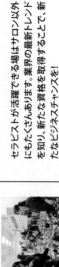

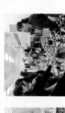

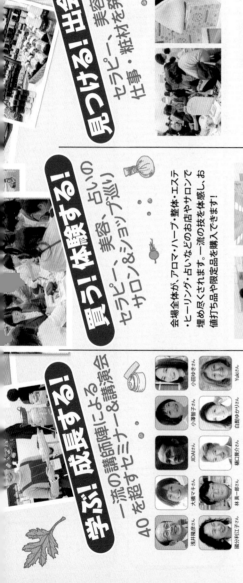

すみれ砂糖とすみれの豆乳ヨーグルト

材料

《 すみれ砂糖 》

- 乾燥させたすみれの花…0.5g
- 甜菜グラニュー糖…30g

※色を美しくみせるためグラニュー糖を使用

- レモン汁…小さじ1

《 すみれの豆乳ヨーグルト 》

- すみれの花…40輪
- 豆乳…200cc
- 塩…少々

乾燥させたすみれの花をミルで微粉末にして、レモン汁少々と砂糖を入れて混ぜれば、すみれ色の砂糖のできあがり。

すみれの豆乳ヨーグルトは、全材料をヨーグルトメーカーに入れ、よく混ぜてから40℃で13時間保温して完成です。一度作れば、種菌として使うことができます。すみれの花は土や虫がついていたら取り去ること。

第三章
夏の「アート手ごねせっけん」

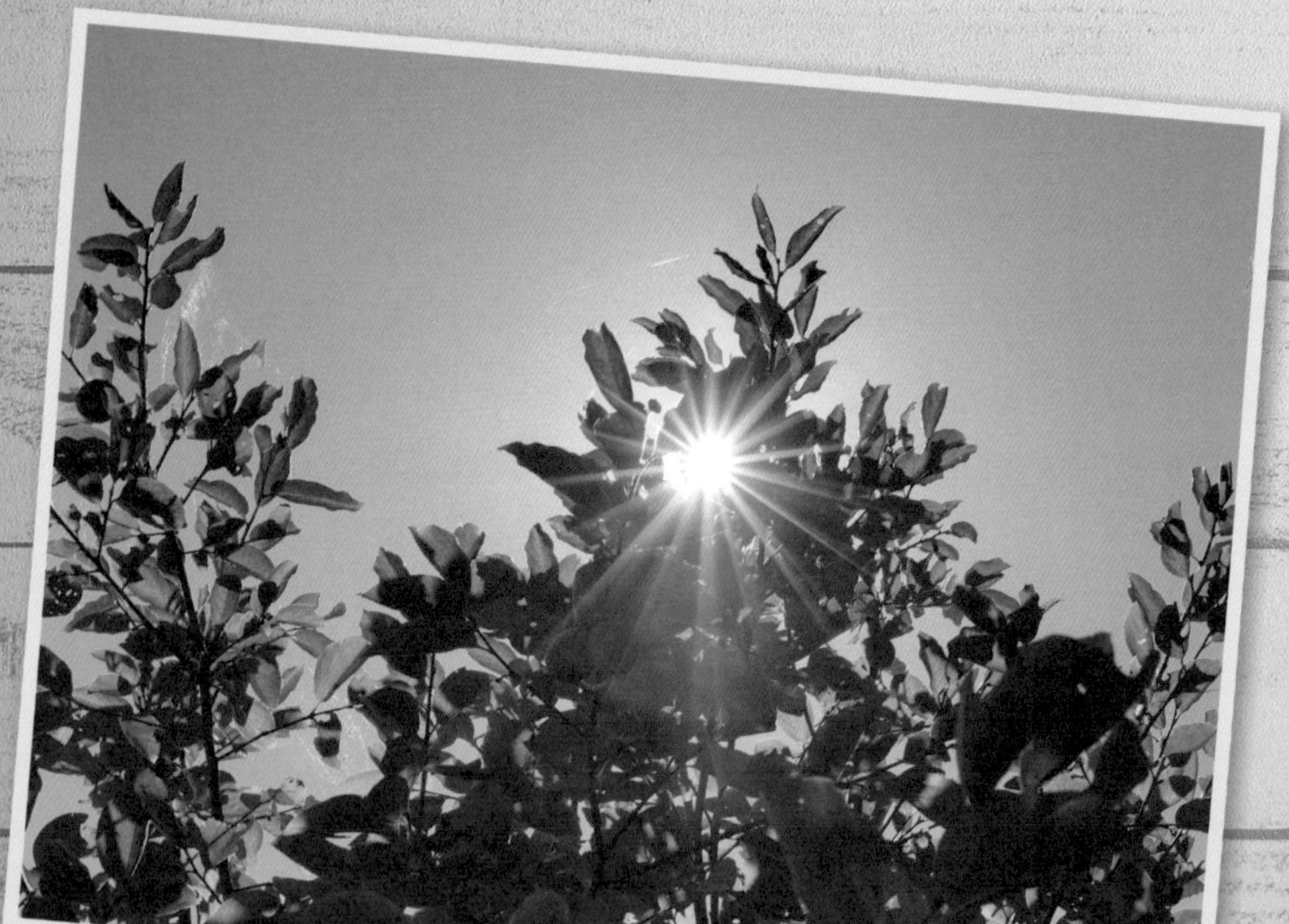

夏の輝く日を浴びて

ツリーハウスで
くつろぎの
昼下がり

庭のブルーベリーで作った
マフィンやジャムでティータイム

ウスベニアオイマジック

「コモンマロウ」ではなく「ウスベニアオイ」と呼ぶ方が、なんだか日本の清楚な女性をイメージさせてくれるように感じるこのハーブ。6月上旬になるとＫＵＲＩの森でも、その美しいマジェンダ色を輝かせています。

ある日の早朝、ウスベニアオイを摘みに庭に出てみると、花も葉も90％以上が野生の鹿に食べられてしまっていました。幸い太い幹と葉なしの枝が所々についていて、ほんの数えるほどの花だけがしっかり蕾を結んでいました。けれど昼に庭に出てみたら、その残された蕾たちが何事もなかった

ウスベニアオイをはじめ、色とりどりのハーブを咲いた順に摘んで食卓に飾りながら乾燥させる

6月上旬、KURI の森はマーガレットが満開

ようにキレイな花を咲かせていて、そのたくましさに感激してしまった出来事がありました。

そんなたくましいこの花は喉の薬にもなるし、外用としては抗炎症作用があって虫刺されや日焼けにも良く、せっけんに入れても同じように肌にベールがかかる感じがします。茶こしで漉してせっけんに練り入れると美しいイエローになりますが、お茶にするとブルーパープル色になり、そこにレモンを一絞りすると美しいピンク色に変わります。魔法のように七変化するハーブなのです。

せっけんに一緒に加えるヴァージンココナッツオイルは、フィリピンなどでは紫外線対策や日焼け肌の保護に、美しい髪を保つために髪にうっすら伸ばして使われたりもしています。それぞれの国で必要なものはその国ごとに、ちゃんと身近にあるのだなあと思います。

Recipe 01

ウスベニアオイとヴァージンココナッツオイルのせっけん

今回のせっけんはアイディアの一例として、食卓で使用する木製のサラダサーバーを使って模様をつけてみました。同じものを探して制作してくださいねという意味ではなく、こんな使い方ができますよという意味で紹介しています。

こんなふうにみなさんのアイディアで、キッチンツールなどを利用して色々な形が作れると思います！

形成のポイント

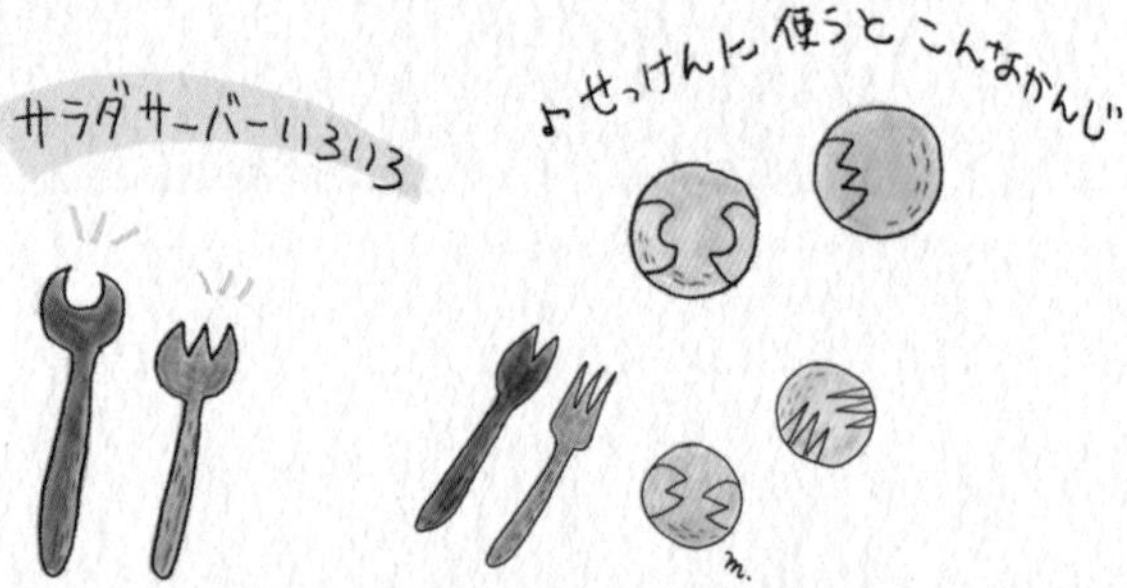

材料（1個分）

- 固形純せっけん…100g
- 熱湯…45g
- ドライウスベニアオイ（コモンマロウ）…2g

※電動ミルでパウダー状にしておく

- ヴァージンココナッツオイル…小さじ1/2
- はちみつ…小さじ1

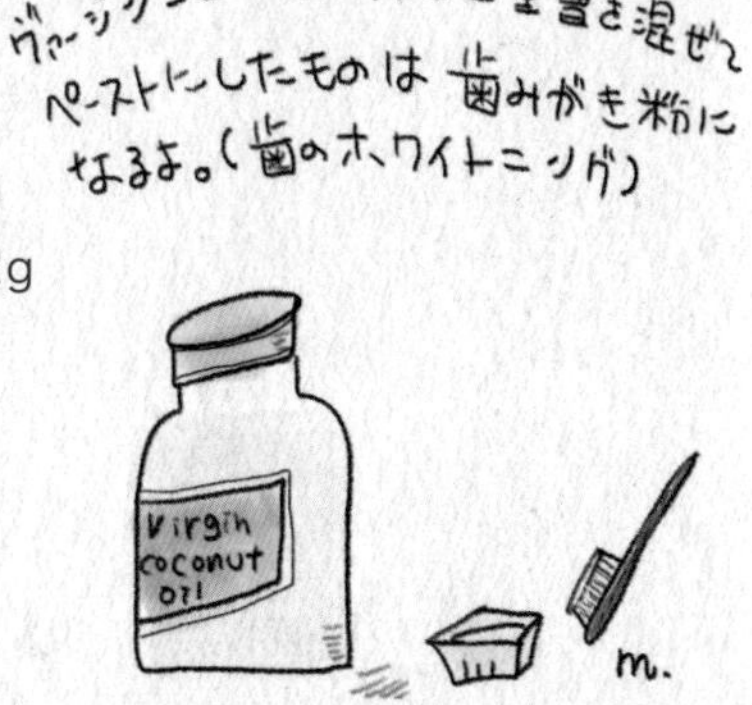
ヴァージンココナッツオイルと重曹を混ぜて
ペーストにしたものは歯みがき粉になるよ。（歯のホワイトニング）
Virgin coconut oil
m.

作り方

1. ステンレス製の計量カップにドライウスベニアオイ（コモンマロウ）2gと熱湯45gを入れ、蓋をして5～6分蒸らして濃い抽出液を作る。
2. すりおろした固形純せっけんが入ったボウルに、ひと煮たちさせた1を茶こしでしっかりと漉して加え、手でこねる。そこにヴァージンココナッツオイル小さじ1/2とはちみつを加えさらにしっかりとこねる。その後、蓋付き容器に移し替えるかラップをかけて、20分間ほど寝かせる。
3. 形成していく。生地を再度やわらかくなるまで練り直す。この時、ヒビが入ったり、固くて練りにくいようなら、分量外のお湯や抽出液などの水分を足し、やわらかく整える。
4. 生地を丸いボール状にし、その後、手の平で平たく伸ばして形を整える。サラダサーバーなどで工夫して色々な模様をつける。
5. 風通しの良い場所で2週間以上陰干して完成。

美しい梅の収穫は、むせ返るほどの甘い香り

色々な梅の使い方

かつてここに住む前、私たちは山梨県の旧芦川村（現在は笛吹市）にある無住のお寺の庫裏に暮らしていました。その庫裏には樹齢三百年以上の梅の木が庭にあり、六月には毎年その梅をいただいて梅干や梅酵素シロップを作るのを楽しみに生活をしていました。雨が降っている時以外は毎日その梅の木の下で食事をし、音楽のツアーに向けてリハーサルなどをしていたことを思い出します。

この時期にたくさんの梅酵素シロップを作っておくと、とても便利です。ソーダで割ったり寒天を作ったり、タイ料理などのアジア料理のソースとして応用することもできます。ソースの作り方は梅酵素にナンプラー、種を取ったフレッシュ唐辛子とにんにくを数片入れたものをハンドブレンダーで細くして鍋で煮詰めて（もっと甘くしたい時は甜菜糖などを加える）、最後にレモンをぎゅっと絞ってできあがり。唐辛子の種を取る時はゴム手袋を必ずして下さいね。

他にも完熟梅ならお風呂に入れることもオススメです。私は、ぼたぼたと大地に落ちた完熟梅を拾っては木綿の袋に入れてお風呂に放り込んでいます。梅の香りがお風呂中に行き渡りまるで天国のようです。そのお湯で髪をすすいだら信じられないくらい髪がサラサラになりました。私はいつも自作のせっけんでシャンプーをして、洗面器半分くらいのお湯にお酢やクエン酸をキャップ一杯入れたものでリンスをしていますが、梅はそれよりもさらに髪がサラサラツヤツヤになりました。梅のクエン酸が同じ役目をしたということでしょうか？梅入りのせっけんは、髪や肌がとても艶やかになる気がします。

自家製チリソース。これを使ったら市販のものは買えなくなるおいしさ！

Recipe 02

梅酵素シロップ漬けの実と竹炭のせっけん

梅酵素シロップの作り方は、77ページの酵素シロップの作り方と同じです。季節ごとに旬の素材で作る酵素シロップ作りにはちゃんと理由があり、春は成長のエネルギーを、夏は夏バテ予防、秋は実りのエネルギーで、これから迎える冬に向かっての身体を作る酵素と言われています。飲用の場合だけでなく、せっけんでも旬の素材が入ったせっけんはエネルギーが生き生きとしているように思います。

ここでは梅酵素ではなくシロップを取り出した後の梅の実を使ってせっけんを作ります。一緒にせっけんに加える竹炭粉は毛穴の奥底の老廃物を優しく取り去ってくれると言われているので、肌のくすみや黒ニキビにもオススメです。

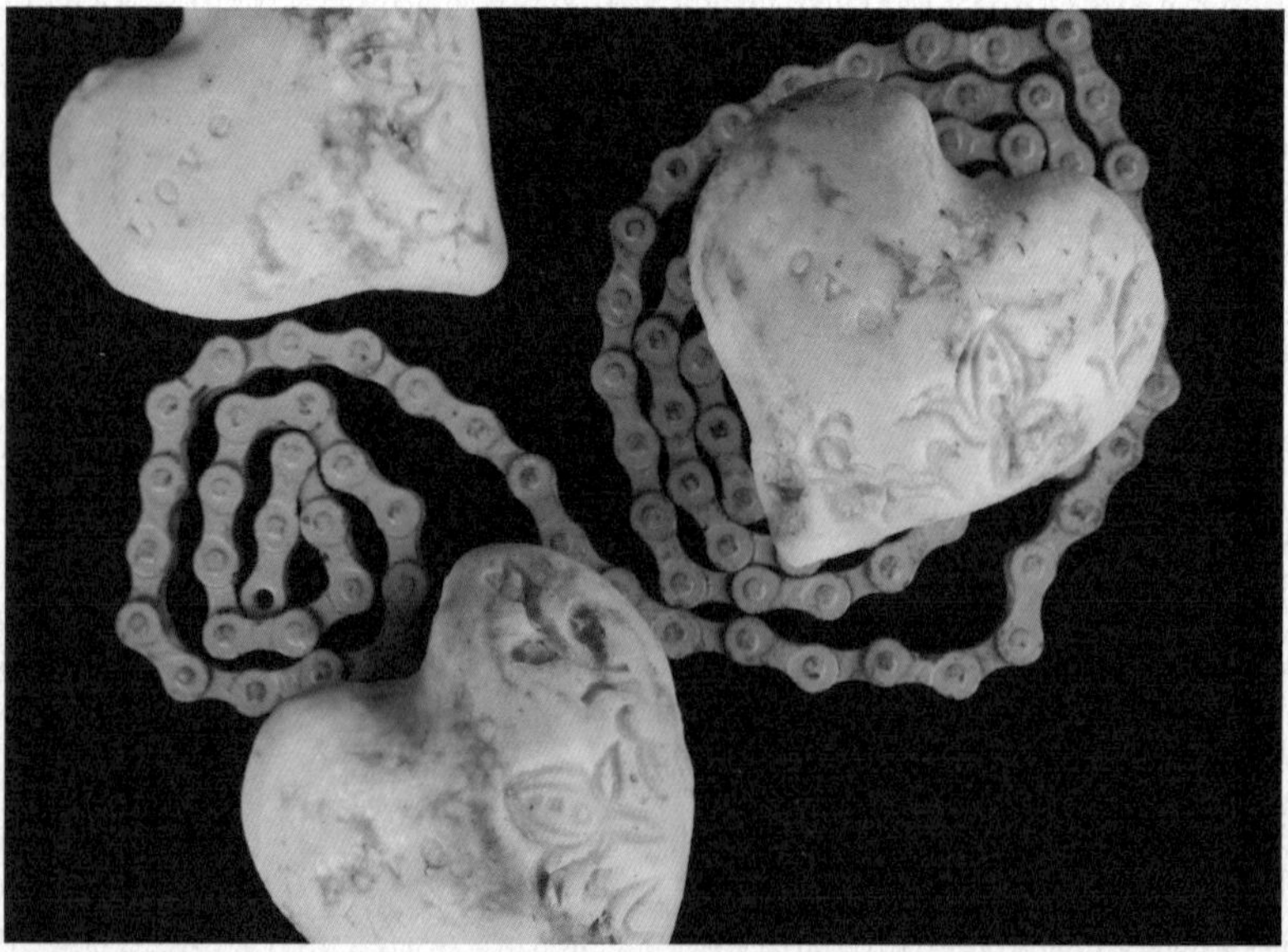

材料（3個分）

A

- 固形純せっけん…100g
- 熱湯…30g
- はちみつ…小さじ1

B

- 固形純せっけん…100g
- 梅酵素シロップから取り出した梅の実…10g
※ペースト状にしておく
- 熱湯…25g

C

- 固形純せっけん…100g
- 竹炭粉（微粒子）…耳かき山盛り4杯
- 熱湯…30g
- はちみつ…小さじ1

作り方

1. A）すりおろした固形純せっけん100gをボウルに入れ、熱湯30gを注いで手でこねる。粗熱が取れたらはちみつを加えてさらにこね、その後、蓋付き容器に移し替えるかラップをかけて、20分間ほど寝かせる。
2. B）すりおろした固形純せっけん100gをボウルに入れ、熱湯25gを注ぎ手でこねる。粗熱が取れたら梅酵素の実のペースト10gを加えさらにこねる。その後、蓋付き容器に移し替えるかラップをかけ、20分間ほど寝かせる。
3. C）すりおろした固形純せっけん100gボウルに入れ、竹炭粉をむらなくまぶしてから熱湯30gを注ぎ入れ手でこねる。粗熱が取れたらはちみつを加えてさらにこね、容器を移し替えるかラップをかけて20分間ほど寝かせる。
4. 形成していく。生地をやわらかく練り直し、A、B、Cそれぞれ三等分する。1ピースずつ手にとり、3つの生地を合わせて棒状に伸ばす。その棒状せっけんを半分に折ってはくっつけて1本に伸ばしてを3～5回繰り返す。
5. 棒状からボール状にし、手で転がしていると次第にマーブル模様が浮き出てくる。残りの生地も同じようにして制作していく。半乾きになったらスタンプやヘラで模様をつける。
6. 風通しの良い場所で2週間以上陰干しして完成。

自家栽培のハーブたち

昔から女性とバラは切っても切れない関係にあると言われています。バラといえば、「愛」や「美」でしょうか。バラの香りは本当にうっとりとするものがありますよね。そんな香りいっぱいの美しいバラに囲まれた庭で暮らせたらと夢みていますが、実際は栽培が難しく……。それでも完全無農薬で少しずつ、ＫＵＲＩの森にもバラが咲くようになりました。

ほんの少しですからふんだんには使えませんが、しばらく一輪挿しにしたバラは、ドライにして少しづつ自家製ハーブティーの大瓶に入れています。ＫＵＲＩの森には年間を通してたくさんの方々が訪れてくださるので、「ＫＵＲＩオリジナルブレンドハーブティー」という名でハーブティーを淹れてお出ししています。ハーブティーのベースは庭で摘んだ日本ハッカとマコモなど。自家栽培のバラの花びらはほんの少しですが、それでもいつもバラの花びらを特別扱いしてしまいます。

世界にひとつの KURI ブレンドハーブティー

バラととても似た成分を持つハーブといえばローズゼラニウムですね。甘くさわやかでフローラルな香りはバラと同じ芳香成分が多いそうですが、高価ではありません。外用的には皮脂のバランスをとり、保湿作用や抗菌作用があるそうです。ローズゼラニウムの葉を手でこすって汁を手の甲につけてみたら、それだけでツルツルになるのでびっくりしました。

ローズゼラニウムは食用にしてもおいしくいただけます。花を摘んでサラダやデザートにトッピングすると香りも良いし、ピンクの花が素敵です。葉はパンケーキを焼く時に生地の上に一枚置いてひっくり返せば、バラの香りがほんのり薫るパンケーキが焼き上がります。

ローズゼラニウムは秋頃まで元気なので初夏はラズベリー、秋はリンゴと一緒に葉を入れて煮ると、最高においしいバラの香りのジャムができあがります。

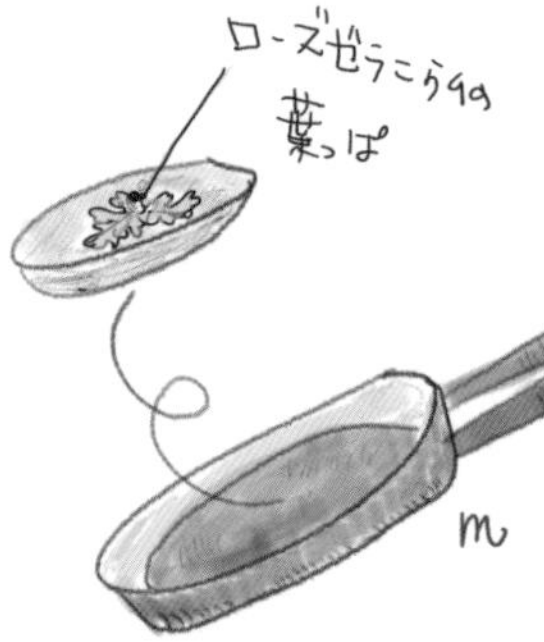

ローズ香るパンケーキ（上）
ラズベリーとローズゼラニウムのジャム（下）

Recipe 03

秘密の花園「ローズゼラニウムとローズクレイせっけん」

このせっけんに関しては憧れのバラの香りに近づけるため、ローズゼラニウムの精油（エッセンシャルオイル）を0.5％ほど入れます。約10滴、ほんのりな香りです。もう少し香りが欲しい方は約20滴入れてください。ただし、赤ちゃんや小さな子どもがいる家庭にはたくさんの精油を使用することは私はあまりオススメしません。

日本は強い合成洗剤や柔軟剤の香りで溢れ返っています。赤ちゃんや子どもは大人よりももっともっと繊細だから、香りを使う側も香りについてもう一度見直す必要があるのではと思っています。精油は天然の香りですがそれでもほんのりと香るくらい、分かるか分からないくらいの香りの方が精神に作用するような気がするのです。

材料（2個分）

A

●パウダー状純せっけん…100g

※41ページからタイプを選ぶ

●ドライローズゼラニウム…2g

※電動ミルでパウダー状にしておく

●熱湯…50g

●はちみつ…小さじ1

B

●パウダー状純せっけん…100g

※41ページからタイプを選ぶ

●ローズクレイ…小さじ1/4 ～ 1/2

●熱湯…41ページの①のパウダーを使用する場合は20 ～ 25g、②は30g、③は60 ～ 70g

●はちみつ…小さじ1

作り方

1. A）ステンレス製の計量カップに熱湯50g を入れ、そこにドライローズゼラニウム2g を加え、蓋をして5 ～ 6分間蒸らし抽出液を作る。抽出液を弱火で1分再加熱し、茶こしで濾してハーブ抽出液を作る。
2. パウダー状純せっけんをボウルに入れる。そこに1の抽出液を入れる。パウダーのタイプにより加える抽出液の分量が異なる。41ページの①のパウダーの場合は20g、②は30g、③は60g（足りない分量は熱湯を追加）の抽出液を加え、手でこねる。粗熱が取れたらはちみつを加えてさらにこね、その後、蓋付き容器に移し替えるかラップをかけて、20分間ほど寝かせる。
3. B）ボウルにパウダー状純せっけん100g とローズクレイ小さじ1/4 ～ 1/2を入れる。そこに熱湯を入れるが、パウダーのタイプにより分量が異なる。41ページの①のパウダーの場合は20 ～ 25g、②は30g、③は60 ～ 70g の熱湯を加えて手でこねる。A と同じ工程で寝かせる。
4. 形成していく。A、B それぞれやわらかく練り直し二等分する。1パーツずつ手に取り、合わせて棒状に長く伸ばす。端からクルクル丸めしっかり押さえ固め、こんもりと丸い形に整える。小指を使いバラのように溝を刻んでいく。残りの生地も同じように制作。
5. 風通しの良い場所で2週間以上陰干しして完成。

Hennaで整うココロとカラダ

夏本番、暑さの中ちょっとリラックスしたい日、私はHenna（ヘンナまたはヘナ）でヘアートリートメントをしています。Hennaは白髪染めで有名なナチュラルなハーブです。実は白髪が生えていない方にもオススメで、黒髪はHennaでトリートメントをしても目立つ程には染まらず、光が当たった時に少しだけボルドーがかった色にみえる程度に仕上がります。それもまたキレ

髪が美しくなるおまじない
金色のキラキラの光が空から舞い降りて
髪がピカピカと輝きはじめるイメージをするの。。。

私が行っている
髪のためのおまじない

イな色なのです。

Ｈｅｎｎａは女性ホルモンのバランスを整える作用があるとも言われていて、生理痛や月経不順、更年期障害をやわらげてくれるそうです。また、暑いインドでは足の裏に塗って身体を冷やす用途にも使われています。髪に塗れば頭にこもった熱を鎮静してくれる効果もあり、Ｈｅｎｎａでトリートメントをした日の夜はぐっすり深く眠れ、疲れが抜け出ていくように感じます。暑い夏はこのせっけんでシャンプーするのがオススメです。

Ｈｅｎｎａは偽物も多く出回っているので、信頼できるお店で購入してくださいね。本物であれば、使用した時に白髪の部分が黒髪になることはありません。濃いオレンジ色になるのが１００％の証です。もしも購入して白髪の部分が黒髪になってしまうなら、それは残念ながら添加物が入っていることになるので気をつけてくださいね。

ハーブティーやせっけん作りに活躍している、庭の日本ハッカ

Recipe 04 Hennaと日本ハッカのシャンプーバー

真ん中のおいしそうなチョコレート色の部分がHennaの色。緑の部分は日本ハッカです。日本ハッカには殺菌作用もあり、せっけんに入れても少し清涼感がある気がします。日本ハッカの代わりにイングリッシュミントや市販のペパーミントティーで代用してもOKです。

形成のポイント

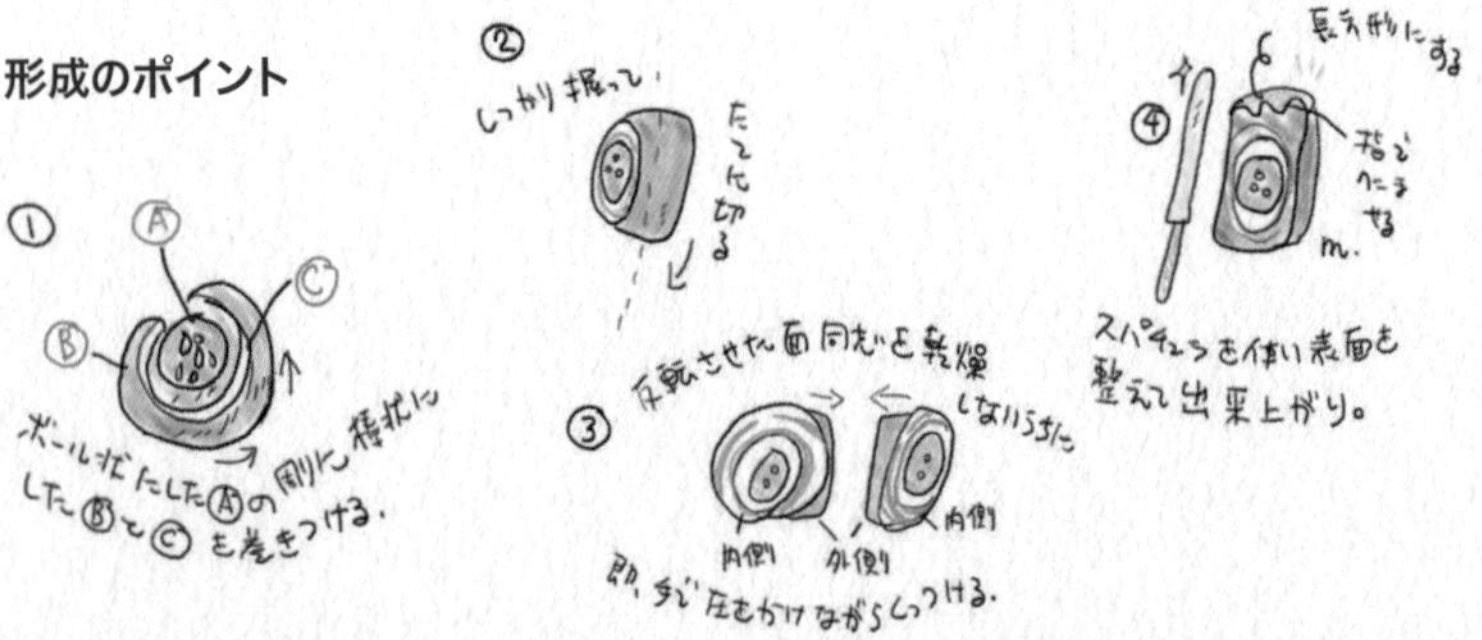

材料（3個分）

A

- 大粒チップ状純せっけん…100g
- Henna…2g
- 熱湯…20g ＋α
- はちみつ…小さじ1

B

- パウダー状純せっけん…100g

※41ページからタイプを選ぶ

- ドライ日本ハッカ（or ドライミント）…2g

※電動ミルでパウダー状にしておく

- 熱湯…41ページ ①のパウダーの場合は20～25g、②は30g、③は60g～70g
- はちみつ…小さじ1

C

- パウダー状純せっけん…100g

※41ページからタイプを選ぶ

- 熱湯…Bと同量
- はちみつ…小さじ1

作り方

1. A）大粒チップ状純せっけん100gとヘナ2gをボウルに入れる。そこに熱湯20g＋α（微調整する）を加え手でよく混ぜる。粗熱が取れたらはちみつを加えてさらにこね、その後、蓋付き容器に移し替えるかラップをかけて、20分間ほど寝かせる。
2. B）ステンレス製の計量カップに日本ハッカパウダー 2gと熱湯を加え5分間蒸らす。その後再加熱し、パウダー状純せっけんを入れたボウルに加え、手でよくこねる。Aと同じ工程で20分間ほど寝かせる。
3. C）ボウルにパウダー状純せっけんを入れ、熱湯を加えて手でこねる。A、Bと同じ工程で20分間ほど寝かせる。
4. 形成していく。生地を再度練り直し、A、B、Cそれぞれ三等分する。B、Cを1ピースずつ手にとる。2つを合わせて1本の棒状に伸ばし、半分に折ってはくっつけて伸ばしを3～5回くらい繰り返す。
5. Aの生地1ピースを丸め、その周りに4で作ったB、Cの生地をしっかり巻きつける。半分に切った時に中心がAになるようにナイフで生地を切り、2つになった生地を反転させ背中同士を合わせ、しっかり握りくっつける。スパチュラなどを使い長方形に形を整え、端をへこませて形を整える。残りの生地も同じように制作。
6. 風通しの良い場所で2週間以上陰干しして完成。

Summer Column

夏の恵みをいただいて…

夏になるとKURIの森や畑はたくさんの生命で満ち溢れます。
トマト、トウモロコシ、青じそetc…。
ここでは、夏にぴったりなシロップやグミ、
グルテンフリーのフリッターレシピを紹介します。

トウモロコシ尽くしのスープ

スープの具は、トウモロコシと溶き卵とオクラ。出汁はトウモロコシの軸とヒゲを煮て天然塩を加え、片栗粉でとろみを付けただけ。黒胡椒が合う。

ベゴニアと完熟トマトのマリネ

完熟トマトにオリーブオイルと天然塩を振りかけたマリネ。ベゴニアの花は酸味があってとてもおいしい。

青じそと
エディブルフラワーのおむすび

殺菌作用がある青じそとエディブルフラワー（食べられるハーブの花）の、夏にぴったりなおむすび。

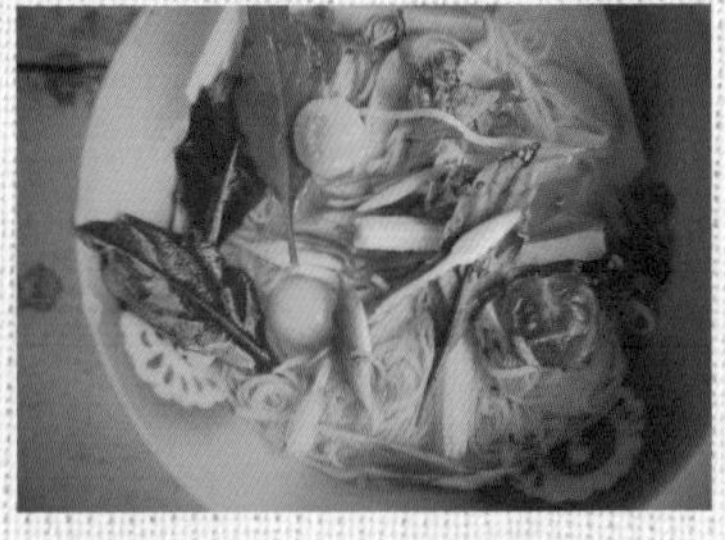

自家製柿酢と
金時草入りの冷やし麺

スープはきりりと冷やした出汁に、自家製柿酢と醤油で薄く味付け。金時草を添えて。

ウスベニアオイ（コモンマロウ）で季節の喉シロップ

材料

A
- ドライウスベニアオイ…ひとつかみ
- レモン…輪切り１個分

B
- はちみつまたはオリゴ糖…
  Ａがビンの中でひたひたに被るたっぷりな量

82ページで紹介したウスベニアオイは、喉にベールをかけてくれるように優しく潤してくれます。季節によって、殺菌作用があるタイム、秋にはローズヒップや花梨などを加えてもいいですね。

季節の喉シロップの作り方
夏に沢山摘んでドライにして保存
又はハーブショップでも手に入ります。
ドライコモンマロウの常備でいつでも喉シロップ作れます。
コモンマロウ＝ウスベニアオイ
ハチミツ又はオリゴ糖で素材が隠れる位ひたひたにする
秋になったら花梨の輪切りも
レモンの輪切りもいいね
ドライコモンマロウ
たっぷりのビタミンCのローズヒップ
風邪や喉に良いとされるいろんな素材で作ってみよう。

KURIオリジナル梅酵素のローグミ

材料

- 梅酵素ジュース制作後の
  種を取り出した梅の実…2カップ以上

梅の実をフードプロセッサーにかけペースト状にします。この時、梅酵素の原液、または好みで非加熱はちみつを少しプラスすると作りやすくなります。絞り出し袋に入れて絞れるくらいの固めのペースト状になったら、クッキングシートを敷いた上に小さめに絞って並べます。ディハイドレーターか発酵機能のついたオーブン、または風通しの良い外などで、乾燥するまで干してできあがり。グミは常温で1年以上保存できます。

グルテンフリー

トウモロコシ一本分で作る
インドネシア風トウモロコシのフリッター

材料（4人分）

A
- トウモロコシ…1本（約150g）
- 長ネギ or 玉ねぎ…30g
- セロリ…30g
- にんにく…ひとかけ
- コブミカンの葉…3枚

B
- ベサン粉（ひよこ豆の粉）…70g
- 水…90g
- 自然塩、コショウ…少々

C
- 揚げ油…適量

私たちがインドネシアを旅した時に出会った料理。自家製チリソースで食べてもおいしい。作り方はAの材料、トウモロコシは粒だけの状態にして、それ以外はすべてみじん切りにしておきボウルに入れます。Bの材料を別のボウルに入れ、すべて混ぜ合わせてからAのボウルに加え混ぜます。それを一口大に平たくまとめ、Cの油で揚げるだけ。コブミカンの葉とベサン粉はアジア食品店や通販で購入できます。

第四章
秋の「アート手ごねせっけん」

紅葉の絨毯を歩く

紅葉に囲まれた
studio KURI

秋のある日。
落ち葉のベッドで
くつろぐウルル

秋の気配を感じる頃に

9月に入っても日中はまだまだ暑さは和らぎません。けれど夜には涼しい風が吹き、虫の音が聞こえ始め、これから少しずつ秋に向かいます。そんな秋のはじまりのある日、夏の紫外線で痛んだ髪や素肌をリペアしてくれるせっけんを思いつきました。

髪や肌の修復には、日本茶などのお茶類がとても良いと言われています。日本茶はビタミンCがとても豊富。美白効果があり、タンニンが毛穴やキューティクルを引き締めてれます。お茶といえば、無農薬緑茶で定評のある熊本県菊池市の「アンナプルナ農園」や、静岡県川根本町にある「夢家・Y's Farm」の手摘みのお茶「茶・ゲバラ」などがお気に入り。日本茶や紅茶は残留農薬が気になるので、できるだけ無農薬のものをいつも探しています。

このせっけんにはレッドクレイが登場します。このクレイは鉄分豊富で、血流を良くしてくれる作用があるので肌のターンオーバーの促進につながります。そして、夏の間に傷んだり乾燥した地肌や髪をリセットしてくれます。レッドクレイが余ったら、クレイに少量の片栗粉やコーンスターチを混ぜ、少し薄めてチーク代わりにも使えます。この時ホワイトクレイがあったらクレイパウダーの色を薄めるのにベストですが、わざわざ購入しなくても、身近にある素材で近いものができます。せっけん作りや手作りコスメで使用する素材はできるだけ応用を利かせることが〝循環する暮らし〟にもつながると思っています。

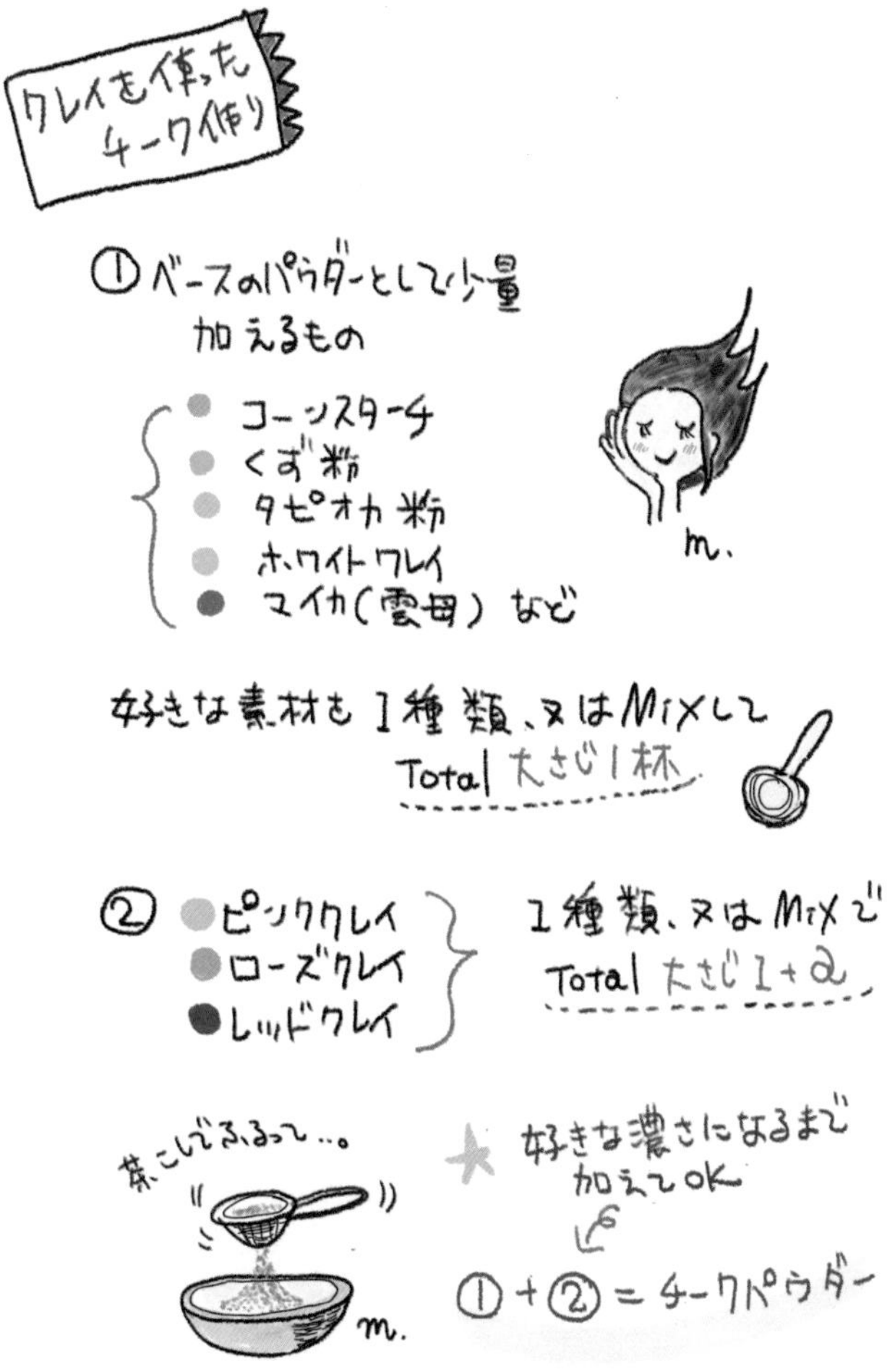
クレイを使った チーク作り
①ベースのパウダーとして少量 加えるもの
コーンスターチ
くず粉
タピオカ粉
ホワイトクレイ
マイカ(雲母) など
好きな素材を1種類、又はMIXして Total 大さじ1杯
② ピンククレイ ローズクレイ レッドクレイ
1種類、又はMIXで Total 大さじ1+α
茶こしでふるって…。
好きな濃さになるまで 加えてOK
①+②=チークパウダー

左からピンク、パープル、イエロー、ローズ、ブルー、レッドクレイ。組み合わせてフェイスパウダーやチークの素材の一部に使える

Recipe 01 日本茶とレッドクレイのせっけん

静岡出身の私ですが、実家の母からはいつも日本茶を淹れるたびに「絶対に熱湯を入れてはダメだよ。お茶が黒ずんで苦くなるからね。そして、お茶の葉はケチらないでたっぷりと急須に入れなさい」と言われ続けてきました。確かにその通りにすると、とてもおいしいお茶が淹れられます。静岡県民はこんなふうに、毎日たっぷりのお茶を何杯もいただく習慣があるのかなあと思います。子どもの頃どこへ訪ねて行ってもお茶でお腹がタプタプでしたから。

飲み残してしまったお茶や茶葉はペーストにして、このせっけんのレシピにも使えます。

材料（ハーフサイズ6個分）

A

- パウダー状純せっけん…200g
- レッドクレイ…小さじ1/2
- 熱湯…41ページの①のパウダーを使用する場合は40～50g、②は60g、③は120～140g
- はちみつ…小さじ2

B

- 大粒状純せっけん…100g
※フードプロセッサーに1分間かけ、つぶつぶ状のせっけんにしておく
- 日本茶…2g
※電動ミルでパウダー状にしておく
- 熱湯…20g
- はちみつ…小さじ1

作り方

1. A)パウダー状純せっけん200gをボウルに入れる。ステンレス製の計量カップにレッドクレイ小さじ1/2を入れ、そこに熱湯を注ぎ、蓋をして5分間蒸らす。蒸らし終わったら弱火にかけて再加熱し、パウダー状純せっけんが入ったボウルに加え手でよくこねる。粗熱が取れたらはちみつを加えてさらにこね、蓋付き容器に移し替えるかラップをかけて、20分間ほど寝かせる。
2. B）つぶつぶ状にした大粒状純せっけん100gと日本茶2gをボウルに入れる。熱湯20gをボウルに加え、途中はちみつも加え、約10分間しっかりこねる。Aと同じ工程で20分間ほど寝かせる。
3. 形成していく。それぞれ生地を再度やわらかくなるまで練り直し、ひび割れが起きるようなら分量外のお湯や抽出液などの水分を足して整える。A、Bそれぞれの生地を三等分し、丸くまるめる。
4. Aの生地1ピースを平たくし、Bの生地1ピースで包む。手で転がしながら生地同士を密着させ、楕円のフットボール型を作る。ナイフで横半分に切って、蓮の実のような形に整える。残りの生地も同じようにして作る。最後にヘラや箸などを使って模様をつけても可愛く仕上がる。
5. 風通しの良い場所で2週間以上陰干して完成。

栗たちと目が合ったら……

9月下旬になると、家の周りのあちらこちらで栗が落ち始めます。落ちている栗は、まるで「私を拾って〜！」と言っているようです。忙しい時はそんな栗たちとけっして目を合わせてはいけません（笑）。

秋の山は豊かな恵みに溢れ返っています。栗をはじめ、アケビの実やキノコ狩りもできるし胡桃もたくさん拾えます。そんな中でも、やはり一番の楽しみは栗拾いです。私たちの音楽ユニットの名前も「ＫＵＲＩ」ですが、その名前の由来は、栗は縄文時代から人々に栽培され、実は食料に、木は建材にと、人々の暮らしの中ではなくてはならない存在だったことにあやかっています。

毎年どうやって消費しようか悩むほど収穫できる栗ですが、八ヶ岳南麓に住む『自給知足がおもしろい』というブログを書いている、わたなべあきひこさんご夫妻の家でいただいた「栗のポタージュ」がとてもおいしかったので、それをＫＵＲＩ流にアレンジしたレシピを紹介します。

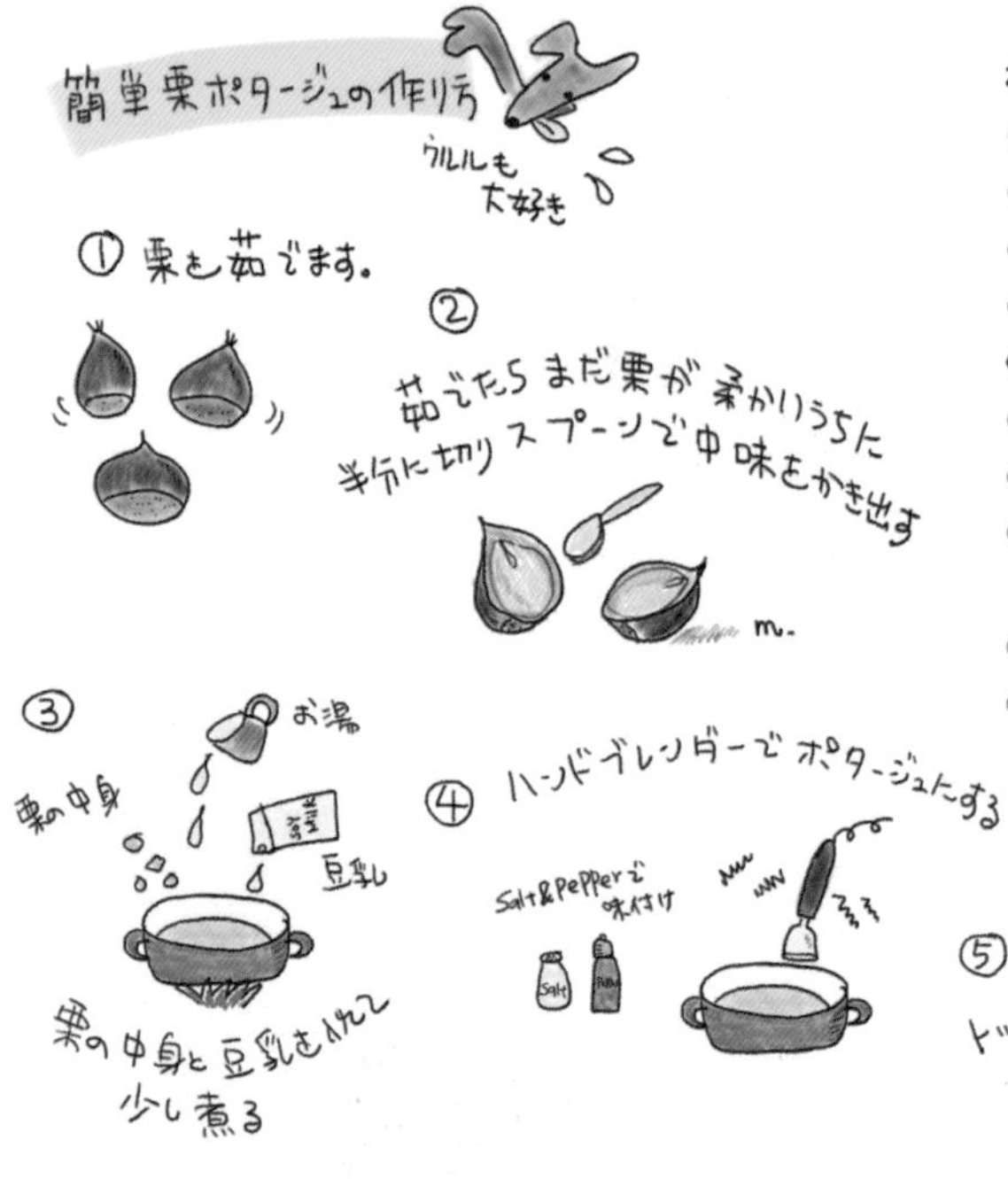

簡単栗ポタージュの作り方
ウルルも大好き
① 栗を茹でます。
②
茹でたらまだ栗が柔かいうちに
半分に切りスプーンで中味をかき出す
m.
③
お湯
栗の中身
豆乳
栗の中身と豆乳を入れて
少し煮る
④ ハンドブレンダーでポタージュにする
Salt&Pepperで味付け

材料（2～3人分）

- 栗…200g（茹でた中身）
- お湯…200cc
- 豆乳…200cc
- 自然塩…小さじ1/4

《トッピング》

- 水切りヨーグルト…適量
- オリーブオイル…適量
- ピンクペッパー…適量（ローズペッパー）
- ブラックペッパー…適量
- パセリ…適量

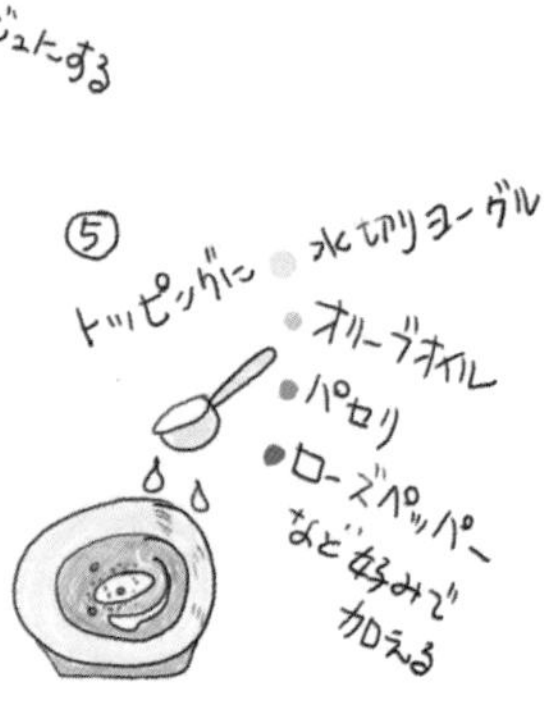

⑤
トッピングに
水切りヨーグルト
オリーブオイル
パセリ
ローズペッパー
など好みで
加える

Recipe 02

栗の渋皮とココアのビスケットソープ

栗は古代から食用だけではなく、渋皮はヘアカラーの一部に使われていたとも言われています。渋皮に含まれるポリフェノールには老化防止、強力な抗酸化作用、メラニンの生成を抑制する働きなどがあります。さらに亜鉛も含まれているので、髪の補修や保護にもよいそうです。

韓国の韓方医学でも、やはり栗の渋皮は老化防止や紫外線保護などで絶賛されていて、ナチュラルコスメやせっけんにも配合されたりしています。そしてもうひとつ、これから作るせっけんに必要な素材、ココアにはカカオポリフェノールが多く含まれていて、強力な抗酸化作用、肌に潤いを与えるなど嬉しい効能がたっぷり。

食べてもおいしく、美容にも良い栗。まさに秋の恵みですね。

材料（ハーフサイズ6個分）

A

●パウダー状純せっけん…200g ※41ページからタイプを選ぶ

●茹で栗の渋皮…片手ひとつかみ

※中身を取り出した後の、渋皮つきの殻の部分でOK

●熱湯…栗皮をひたひたに覆う分量

●はちみつ…小さじ2

B

●パウダー状純せっけん…100g ※41ページからタイプを選ぶ

●ココア…2g

●熱湯…41ページの①のパウダーの場合は25g、②は35g、③は65g＋α

●はちみつ…小さじ1

作り方

1. A）小さな鍋の中に、茹で栗の渋皮をハサミで小さく刻んで入れる。そこに熱湯をひたひたに注ぎ、10分弱火で煮る。この時、焦げないように気をつける。茶こしで濾して、渋皮の抽出液を取り出す。
2. パウダー状純せっけんを入れたボウルに、渋皮の抽出液を入れる。パウダーのタイプにより加える抽出液の分量が異なる。41ページの①のパウダーの場合は40g、②は60g、③は120gの抽出液を加えて手でこねる。粗熱が取れたらはちみつを加えてさらにこね、その後、蓋付き容器に移し替えるかラップをかけて、20分間ほど寝かせる。
3. B）ボウルにパウダー状純せっけん100gとココア2gを入れる。そこに熱湯を加え手でこねる。この時もせっけんのタイプにより熱湯量が違うので注意。Aと同じ工程で20分間ほど寝かせる。Bは多少やわらかい生地になる。
4. 形成していく。それぞれ生地を再度やわらかくなるまで練り直し、A、Bそれぞれの生地を六等分し、丸くまるめる。Aの1ピースを二等分し、その中にBの1ピースを挟み込み、しっかり抑え左ページの写真のマカロンのような形に整える。残りの生地も同じようにして制作していく。半乾きになったらスタンプやヘラで模様をつける。
5. 風通しの良い場所で2週間以上陰干して完成。

循環する暮らし

私たちの住む八ヶ岳南麓エリアはお米がとてもおいしいところです。秋も10月に入ると新米が出回ります。

私たちは小さな家庭菜園をやりながらＫＵＲＩの森に暮らしていますが、以前は「お米も自給できたら」と考えた時期がありました。けれど音楽ツアーで家を空ける期間もあるので、無理して田んぼをやるのではなく、前のページでもお話した〞米通貨制度（自称「ＫＵＲＩ通貨」）〟などを行っています。

これは自分たちとその周りを取り囲む人々とのつながりの中で〞お金だけではないエネルギー循環〟が無理なくできて、それぞれの生活

アジア人になくてはならないお米。写真はタイのオーガニックマーケットで見かけたさまざまなお米

が豊かなものになったらいいなあと思うところから来ています。実際にお米を作っている方々は、お金の代わりにお米持参で音楽会などに参加してくださっていて、こちらは生産者が直接分かる愛情たっぷりのお米が手に入り、お米を〝お金を出して購入する〟以上の喜びにつながっています。そして、そのお米をいただく度にその方々の顔を思い出しています。

私たちが企画した年に一度のイベント「妖精舞踏音楽会」の中の〝表現のマルシェ〟では、参加者さん同士もお金だけの売買ではなく物々交換なども行っていたりで、「違った意味のマルシェの楽しさがある」と話してくれました。こんなふうに循環する暮らし、いいですよね。

イベントではお金の代わりに物々交換なども行われている

Recipe 03

米ぬかはちみつせっけん

私たちアジア人のソウルフード“お米”を使って作る「米ぬかはちみつせっけん」は、私の定番せっけんです。せっけん作りをはじめた当初からずっと同じ形で作り続けています。

私は音楽ツアーの度に色々な国の女性たちに手作りコスメの作り方や、民間療法などについて聞き込み調査を行っているのですが、その中でどこの国でも身近で、よく食べられている素材で手作りコスメが作られてきた歴史があることが分かりました。日本でもおばあちゃんたちに聞いてみると、昔は米ぬかをさらしの布袋に入れて洗髪などに使ったと教えてくれました。また、米ぬかやお米は日本だけでなく、お米を食べるアジア人の手作りコスメにも欠かせない素材のようです。

このせっけんを使うとお肌がツルツル、すべすべに整うだけでなく、お米のエネルギーまでいただけるような気がしています。

材料（1個分）

- 固形純せっけん…100g
- 米ぬか…4g
- 熱湯…30g
- はちみつ…小さじ1

米ぬかの使いかたアレンジ

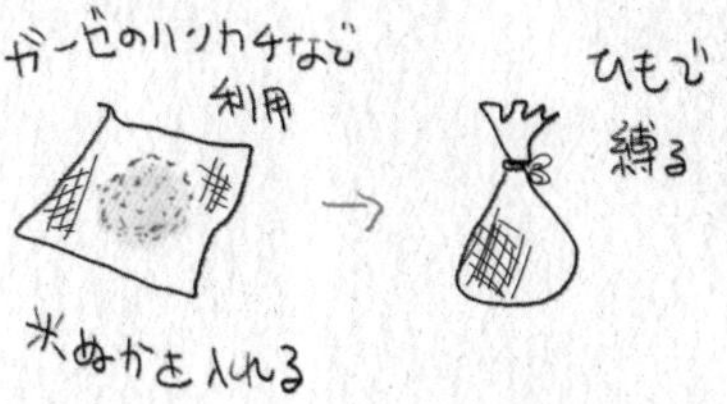
ガーゼのハンカチなど
利用
米ぬかを入れる
ひもで
縛る

洗髪や洗顔にも
オススメ
m.

作り方

1. ボウルにすりおろした固形純せっけん100gと米ぬか4gを入れておく。
2. ステンレス製の計量カップに熱湯30gを注ぎ、1のボウルに加える。外側から少しずつかき混ぜた後、手でよくこねる。
3. 粗熱が取れたらはちみつを加えてさらにこね、その後、蓋付き容器に移し替えるかラップをかけて、20分間ほど寝かせる。
4. 形成していく。生地を再度やわらかくなるまで練り直し、丸めてヒビが入ったり、固くてせっけんが形成しにくい感じなら、分量外のお湯を少しずつ加えやわらかくする。
5. お米のような形に手で整えていく。表面が乾いたら粘土用のヘラなどでせっけんの表面に"米"という文字を刻む。
6. 風通しの良い場所で2週間以上陰干しして完成。

大阪の「Alchemic Space Star-Seed 星☆タネ」で行った音楽とサウィンの儀式

10月31日はサウィンの日

ハロウィンも近くなり、色々な場所でかぼちゃが出回る季節になってきました。最近は日本でもハロウィンの盛り上がりはクリスマスに迫るものがありますよね。

ここKURIの森では、ハロウィンのにぎやかな仮装パレードとは無関係に、本来のハロウィンの元となった「サウィンの日」を思い浮かべて過ごします。

アイルランドの楽器を主に演奏している私たちにとってケルト文化はとても興味深いもの。それによると、ケルト人の1年の終わりは10月31日で、この夜は冬の始まりの前夜祭にあたるそうです。収穫と狩猟が一段落する時期で、ケルト暦の1年の締めくくりを祝う祭の日でもあり、現世と異界がつながる祭日でもあります。亡くなってしまった先祖だけではなく動物のスピリットともつながり、感謝する儀式を行っていたという話もあるそうです。
私たちは周りに民家のない里山の中に住んでいるので、森に住む動物精霊をリスペクトしています。だから特に「サウィンの日」には興味があるのです。こんな日は静かにおうちで玄米をゆっくり炒って作る自家製玄米コーヒーと、かぼちゃのお菓子をいただきながら、「サウィンの日」に思いを馳せたいと思います。

ところでかぼちゃといえば、軽井沢で無農薬野菜を作っている遠山農園さんの廃棄野菜を使っての「野菜せっけんプロジェクト」がスタートしています。遠山農園の若女将である祐子さんの「やむなく廃棄されてしまう野菜を、せっけんにも利用できないか」という想いではじまりました。とても素敵なメッセージですよね。かぼちゃせっけんも作りましたが、素晴らしく美しい色合いに仕上がりました。

遠山農園さんの無農薬かぼちゃはせっけんに
入れるのがもったいないほどおいしい！

Recipe 04

パンプキンと玄米コーヒーのせっけん

蒸したかぼちゃのお菓子と玄米コーヒータイムの後は、少し余った素材でせっけん作り。このせっけんのように野菜もせっけん作りに利用ができます。おすすめはかぼちゃの他、にんじんやトマトなどでもミネラルたっぷりのせっけんができます。

かぼちゃに含まれているカロテン成分は肌に弾力を与え、ニキビ肌にも良く、毛穴の奥の老廃物を取り去る効果が期待できます。玄米コーヒーは毛穴の汚れと老廃物の除去、そして食物繊維も豊富なので優しいスクラブ効果があります。

材料（2個分）

A

- 固形純せっけん…100g
- 蒸したかぼちゃ…15g

※ ペースト状にしておく

- 熱湯…15g
- はちみつ…小さじ1

B

- 大粒チップ状純せっけん…100g

※指で少し細かくしておく

- 玄米コーヒー パウダー状…2g
- 熱湯…20g
- はちみつ…小さじ1

作り方

1. A）すりおろした固形純せっけん100gをボウルに入れる。蒸したかぼちゃペースト15gと熱湯15gを合わせて、鍋でひと煮立ちさせる。煮立たせたものをせっけんが入ったボウルに注ぎ、しっかりこねる。粗熱が取れたらはちみつを加えてさらにこね、その後、蓋付き容器に移し替えるかラップをかけて、20分間ほど寝かせる。
2. B）ステンレス製の計量カップに熱湯20gと玄米コーヒーパウダー2gを加え、蓋をして5分間蒸らす。再加熱し、大粒チップ状純せっけんが入ったボウルに加え、途中ではちみつも加えて約10分間手でこねる。せっけんが粘りペースト常になったらAと同じ工程で20分間ほど寝かせる。
3. 形成していく。生地を再度やわらかくなるまで練り直し、A、Bをそれぞれ二等分にして丸める。Aの1ピースとBの1ピースを合わせ、しっかり中心に向かい力を入れ、ひとつのボール状に仕上げていく。
4. 上の層にA、下の層にBがくるようにして、ボールを平たい円形にする。真ん中に指で穴を開け、中心に小指で放射線状に溝をつける。半乾きになったところでスタンプやヘラで模様をつける。
5. 風通しの良い場所で2週間以上陰干しして完成。

Autumn Column

KURIの森 秋のイベント

年に一度開催していたKURIの森での
ビッグイベント「妖精舞踏音楽会」は、
2019年の秋、第10回を持ってファイナルとなりました。
ケルト文化に想いを寄せる私たちが試みたのは、
ケルトの地アイルランドで
満月の夜に妖精たちが輪になって踊るという伝説でした。
満月前後の日を選び、毎年ゲストアーティストをお招きして
私たち「KURI」とコラボレーションする企画で、
室内からはじまりましたが年々参加者の人数が増え、
2015年からは野外に飛び出しての開催となりました。
ライブだけではなく“表現のマルシェ”と題して、地元をはじめ、
全国から色々なジャンルの出店者たちが集結してマルシェを開催したり、
ワークショップがあったり、それはそれは刺激的なイベントでした。
何よりも嬉しかったのが、噂を聞きつけてやって来てくださる
全国や海外からの参加者の方々とのつながりでした。
そしてボランティアスタッフさんたちの、昼も夜も共に力を合わせて
作り上げていく充実感と団結のパワーは圧巻でした！
そんなたくさんのみなさんの笑い声は、
今もこのKURIの森にしっかりと染み込んでいます。
そして現在、新しい扉が開きはじめています。

yosei buto ongakukai
妖精舞踏音楽会 vol.8
精霊の棲む森

〜祝福の森〜
final
和合（輪 Wa Go!）
妖精舞踏音楽会 vol.10
2019.10.13.sat マルシェ&ライブ
14.sun ワークショップ
studio KURI の森 山梨県北杜市須玉町江草

10年近く続いた、KURI の森の音楽会

上は 2017 年のフライヤー。左はファイナルとなった 2019 年のもの。フライヤーデザインは毎年、直井恵さんがしてくださいました。下の写真は 2019 年の集合写真。

Day

毎年、スタッフのみなさんが何日もかけて作りあげてくれる会場には、国内外からもたくさんの人たちが集まりました。上の写真は 2015 年の舞台の様子。下は台風が襲撃した年で、前日廃校の体育館で開催することを決定。急な会場変更にもかかわらず、スタッフのみなさんの団結力がすごかった!ありがたい。

Night

夜もたくさんのアーティストたちが幻想的な舞台を繰り広げる。このイベントで生まれた「月夜の宴　by KURI」の歌詞の一部を紹介します。♪闇夜に浮かぶ月の光を体に浴びて今蘇る、遠い確かな大地の記憶、聞こえてくるのは森の声♪

第五章
冬の「アート手ごねせっけん」

KURIの森の冬景色

リビングにて。
カーテンを開けたら
白銀の世界

ツリーハウスから望む、冬の朝日

桑の木の冬仕度

森に住んでいると、季節の移り変わりと毎日の天候にとても敏感になります。ＫＵＲＩの森の木はほとんどが広葉樹なので、晩秋にかけて樹々は黄緑やオレンジ、赤に色づいていきます。

ある日の朝、庭からさらさらと大きな音が聞こえてきました。不思議に思ってベランダに出てみると、風もないのに桑の葉が一斉にカサカサと音を立てて落ちる瞬間に出会いました。どんどんその音は大きくなっていくので、急いでリビングに戻りビデオを構えた瞬間、朝日が真直ぐに山から差し込み、庭一面に落ちた桑の枯葉が黄金色に輝いて、桑の樹々はすべての枯葉を一瞬で落としたのでした。それはまさにきっぱりと冬が来た瞬間でした。そして、この世のものとは思えない不思議な光景でもありました。

起きてきたＫａｔｓｕちゃんに報告すると、「昨夜天気予報で『明日から本格的に冬型気候へと変わります』と言っていたよ」と教えてくれました。桑の木たちは季節の変わり目をしっかりとキャッチして冬ごもりをしたんですね。

そんな冬のはじまりに作りたくなったのは、桑の葉と日本酒、そして柚子を使ったせっ

KURI の森には桑の木がたくさん

けんです。桑の葉をドライにして練り入れると、ぬるっとした触感が肌にベールをかけてくれるような仕上がりになります。この桑の微粉末はお茶にしても、抹茶に似た味でとてもおいしいんです。微粉末の桑の葉茶は市販で手に入るので、せっけんの他に桑の葉茶葉、温めた豆乳、シナモン、シロップを入れた「桑の葉チャイ」もオススメです。

我が家では定番の桑の葉チャイ。桑の葉茶（微粉末）小さじ 1 弱に熱湯 150 cc を入れ混ぜ、そこに温めた豆乳 30cc を加え入れ、好みでスパイスやシロップを入れてできあがり

Recipe 01 桑の葉と日本酒と柚子のせっけん

このせっけんには桑の葉茶（微粉末）と柚子皮（フレッシュ、またはドライ）と、あらかじめ日本酒に漬けておいた柚子の種から出るジェルを使用します。

日本酒は肌の潤いと保湿、美白効果やシミそばかす対策などに効果的です。柚子の種ジェルの作り方は、ガラス瓶に２～３個分の柚子の種を入れ、それにひたひたにかぶさるくらいの日本酒を入れるだけ。たまに優しくかき混ぜてあげて、数日置いてください。中身がトロトロになったらできあがりです。

このジェルはせっけんに入れるだけでなく、ハンドクリームやフェイスローション代わりにも使えます。料理人など、職業上ハンドクリームを使えない方のキッチンファーマシーとしてもオススメです。

材料（3個分）

A

- 固形純せっけん…100g
- 柚子種日本酒ジェル…30g

or ジェル15g ＋熱湯15g ＝30g

※アルコールに敏感な方はこの薄めた液を使用

B

- 大粒状純せっけん…100g

※フードプロセッサーに1分間かけ、
つぶつぶ状のせっけんにしておく

- 生柚子皮…3g（すりおろしておく）
- 熱湯…25g
- はちみつ…小さじ1

C

- 大粒チップ状純せっけん…100g
- 桑の葉茶…微粉末2g
- 熱湯…20g
- はちみつ…小さじ1

形成のポイント

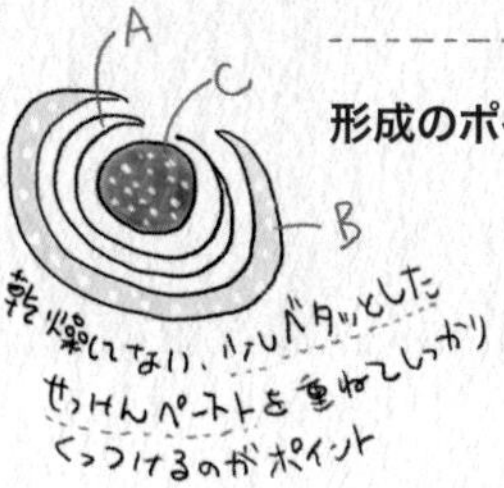
A
C
B
乾燥してない、しっとりベタッとした
せっけんペーストを重ねてしっかり
くっつけるのがポイント

作り方

1. A）柚子種日本酒ジェル30g をステンレス製の計量カップに入れ、熱する。すりおろした固形純せっけんをボウルに入れ、温めたジェルを加えてこねる。粗熱が取れたらはちみつを加えてさらにこね、その後、蓋付き容器に移し替えるかラップをかけて、20分間ほど寝かせる。
2. B）ステンレス製の計量カップに、すりおろした柚子皮3g を入れ、熱湯25gを加えてひと煮立ちさせる。大粒状純せっけんを入れたボウルに加えて、約10分間しっかりこねる。A と同じ工程で20分間ほど寝かせる。
3. C）ボウルに大粒チップ状純せっけんを入れ、桑の葉茶（微粉末）を2gを混ぜ合わせる。A、B と同じ工程で20分間ほど寝かせる。
4. 形成していく。それぞれの生地を再度やわらかく練り直し丸める。C の周りに棒状にのばした A の生地を巻き付け、さらにその上から棒状にのばした B の生地を巻き付ける。三重になった大きなボールを手で転がし、しっかり握ってせっけん同士をくっつける。
5. 三重の層になっている所を縦に半分に切る。反転させ、丸くなっている外側の表面同士をくっつけ、またひとつの大きなボールのように丸くする。しっかりくっついたらスパチュラで平たい丸型に形を整える。
6. 風通しの良い場所で２週間以上陰干しして完成。

パリ、香水店のクリスマスディスプレイの天使（右）。サンポール・サン・ルイ教会（左）

KURIクリスマス

この時期になると、ヨーロッパで過ごしたクリスマスシーズンを思い出します。12月は音楽のツアーなどでヨーロッパに滞在していることがとても多いのです。

初めて個人旅行でパリを訪れた時もクリスマスシーズンでした。その年のパリは極寒で夜もとても寒く、少し歩くともう身体は冷えきっていました。そんな時「ヴァンショー（ホットワイン）」に出会いました。一口いただくとシナモンとレモン、オレンジの香りと赤ワインのコクが口いっぱいに広がり、身体が温まり心まで晴れやかになって、ずっと夜の散歩を楽しめそうな気分になったのを覚えています。ノートル

2018 年に訪れたパリ。フラワーショップの店頭に並ぶたくさんのクリスマスツリー

ダム寺院のバラ窓は美しく輝き、セーヌ川に映る街灯の光もキラキラと美しく、心に残るクリスマスになりました。時が経ち今は音楽ツアーで訪れるパリですが、今もなおヴァンショーの香りはクリスマスマーケットに漂っています。

さて、KURIの森でのクリスマスは、以前はヨーロッパから帰国してすぐに迎えるクリスマスイブか、もう終わってしまい「これからお正月の準備？」という感じの慌ただしさが残るクリスマスでした。今は旅を振り返りながら過ごす年末から、静かでゆったりとした、薪ストーブとキャンドルナイトの聖なる時間を楽しむ年末年始へと変化しています。

Recipe 02

～4種のせっけんのボンボンショコラソープ～ Pretty Nostalgic

赤ワインやココア、そしてレモンの皮入りのこのせっけんは、モンマルトルにあるメリーゴーランドの音楽みたいな、ノスタルジックな色の組み合わせで作ります。

赤ワインもココアもポリフェノールたっぷりで、抗酸化作用などの美肌効果があると言われています。また、レモンには殺菌作用と美白作用があり、せっけんに加えると美しいレモンイエロー色に仕上がります。

パリの街角に輝く美しいショコラティエのショコラのイメージ。お好きなサイズ、形で制作してみてくださいね。

材料

A

- 固形純せっけん…100g
- 熱湯…30g
- はちみつ…小さじ1

B

- 固形純せっけん…100g
- フレッシュレモン皮すりおろし…3g
- 熱湯…30g
- はちみつ…小さじ1

C

- 固形純せっけん…100g
- 赤ワイン…20g
- 熱湯…20g＋α

※水分量が足りない場合は＋αで調節

- はちみつ…小さじ1

D

- 大粒状純せっけん…100g

※フードプロセッサーに1分間かけ、
つぶつぶ状のせっけんにしておく

- ココア…3g
- 熱湯…25g
- はちみつ…小さじ1

作り方

1. A）すりおろした固形純せっけん100gをボウルに入れ、そこに熱湯30gを加え、手でこねる。粗熱が取れたらはちみつを加えてさらにこね、その後、蓋付き容器に移し替えるかラップをかけて、20分間ほど寝かせる。
2. B）ステンレス製の計量カップにすりおろしたレモン皮3gを入れ、熱湯30gを加えてひと煮立ちさせる。すりおろした固形純せっけんが入ったボウルに加え、手でこねる。Aと同じ工程で20分間ほど寝かせる。
3. C）ステンレス製の計量カップに、赤ワイン20gと熱湯20gを加えて沸騰させる。その後さらに弱火で3分煮て、アルコールを飛ばす。すりおろした固形純せっけんを入れたボウルに加え、手でこねる。Aと同じ工程で20分間寝かせる。
4. D）つぶつぶ状せっけんとココア3gをボウルに入れ、熱湯25gを加えて約10分間しっかりこねる。Aと同じ工程で20分間寝かせる。
5. 形成していく。好きな大きさで、色々な形をイメージ。クッキーやキューブ、丸など可愛いお菓子を想像しながら、色の組み合わせも楽しんで。つぶつぶの断面が見えるよう半分にカットすると、本物のお菓子のような仕上がりに。違う色のせっけん同士をくっつける時は、必ず直前に再度練り直すこと。
6. 風通しの良い場所で2週間以上陰干しして完成。

枇杷の葉のすごい力

真冬に「枇杷の葉」というと何かミスマッチな感じがしますが、実は枇杷はこの寒い時期に花を咲かせるパワーを持つ樹木で、大寒頃に葉の薬効効果が一番高くなると言われています。残念ながらＫＵＲＩの森は枇杷には少し寒すぎる土地なので、育てるには工夫が必要です。私は、枇杷の葉は暖かい地方に住む友人から分けてもらっています。

枇杷の葉の焼酎漬けは喉の痛みに、虫刺され、ニキビ、かぶれ、アトピーや皮膚のトラブルなどに良いと言われています。また、枇杷の葉を煮出してその煮汁をお風呂に入れれば身体もポカポカ温まります。以前、声帯ポリープができてしまったことがあるのですが、枇杷の葉や枇杷の葉エキスにとても助けられました。エキスを使ってうがいをしたり、枇杷の葉湿布など、自然療法を行う多くの友人たちが教えてくれてたくさんトライしました。その後はすっかり声帯ポリープもなくなり、以前より元気な日々を送って

洗面台に並ぶ枇杷の葉の焼酎漬けストック瓶や薬草チンキ

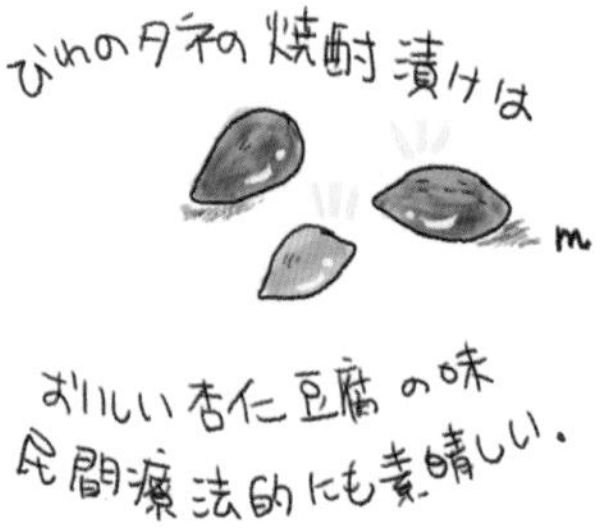
びわのタネの焼酎漬けは
おいしい杏仁豆腐の味
民間療法的にも素晴しい。

びわの葉は細かくちぎってたっぷりと
ビンに入れ、35度の焼酎をひたひた
に注ぎ、3〜4ヶ月冷暗所で保存したら
出来上がり！

います。今では我が家に瓶３本分の枇杷の葉の焼酎漬けがあるおかげで、先日もここを訪れた友人の手荒れにエキスを使ったところです。

さて、冬に作る「枇杷の葉せっけん」は、しっとりとした洗い上がりにしたいので枇杷の葉のほかに、シアバターか普段料理で使っているヴァージンココナッツオイルをキッチンから少しいただいて加えようと思います。アフリカ産のシアバターも、インドネシアやフィリピン産のヴァージンココナツオイルも、火傷や紫外線を和らげ肌をやわらかく保つという共通点があります。赤ちゃんや敏感肌の方にもオススメのせっけんです。

Recipe 03 枇杷の葉とシアバターのコロコロソープ

一年中重宝する枇杷の葉の焼酎漬けエキス。せっけんには加熱してアルコールを飛ばしたものを加えてもいいし、乾燥した枇杷の葉を細かくしてお湯で煎じて漉した液を加えてもOKです。そうすると、ほんのりピンク色のせっけんができます。ここではさらに保湿のために、シアバターを加えた枇杷の葉せっけんを作ります。

形成のポイント

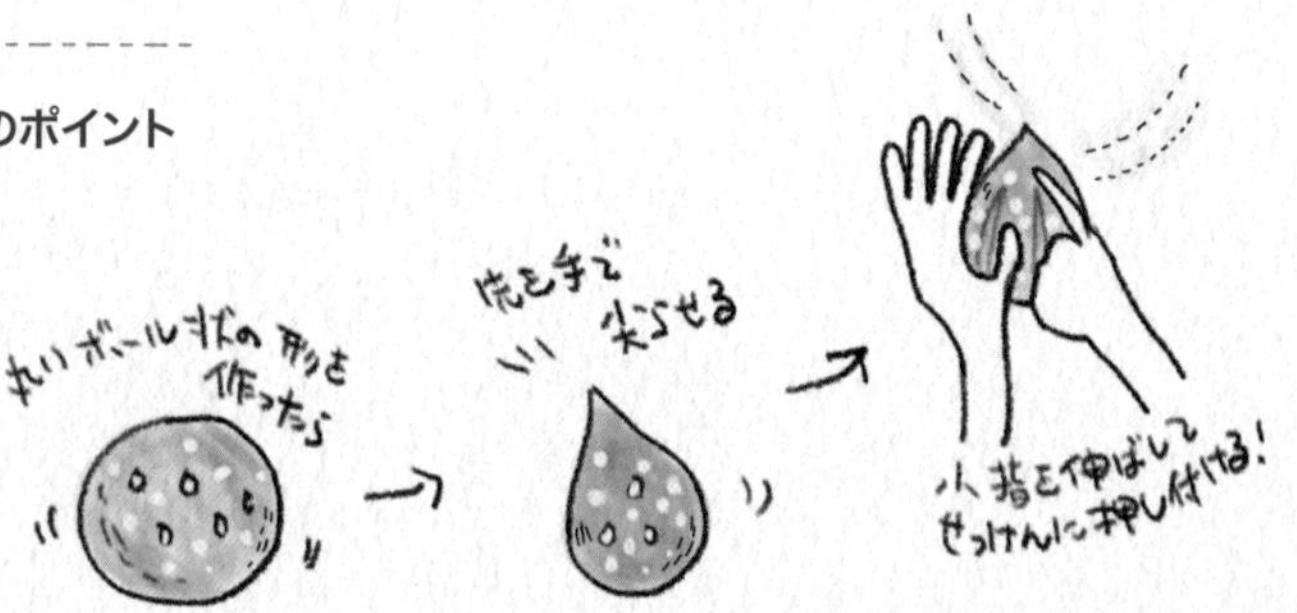

材料（3個分）

A

- 固形純せっけん…200g
- 熱湯…60g
- シアバター…小さじ1
- はちみつ…小さじ2

B

- 大粒状純せっけん…100g

※フードプロセッサーに1分間かけ、つぶつぶ状のせっけんにしておく

- ドライ枇杷の葉…12g

※細かく手でちぎっておく

- 熱湯…15 ～ 20g
- はちみつ…小さじ2

作り方

1. A）すりおろした固形純せっけんとシアバターをボウルに入れ、熱湯60g を加えてこねる。粗熱がとれたらそこにはちみつを加えてさらにこね、その後、蓋付き容器に移し替えるかラップをかけて、20分間ほど寝かせる。
2. B）小鍋に細かくちぎった枇杷の葉を入れ、熱湯を加えて5分蒸らす。再度加熱し、沸騰したら弱火で10分間煮る。その後、茶こしで濾して枇杷の葉の抽出液を作る。この抽出液15 ～ 20g を大粒状純せっけんを入れたボウルに加え、10分以上しっかりこねる。その後 A と同じ工程で20分間寝かせる。
3. 形成していく。せっけんはそれぞれ再度やわらかくなるまで練り直し、A、B 両方のペーストを合体させて1本の棒状に伸ばして二つ折りにする。それをまた棒状に伸ばし二つ折りにする。この動作を3～4回繰り返す。
4. 生地をナイフで三等分しそれぞれを丸める。上部を桃の先の様に手で尖らせ、下部は小指をヘラ代わりにし、せっけんに小指を押し付けて筋をつける。写真のようなコロコロした形になったらできあがり。半乾きになったところでスタンプやヘラで模様をつけても可愛い。
5. 風通しの良い場所で2週間以上陰干して完成。

マキストーブを囲んで

新年が過ぎ静寂に包まれたある寒い日の朝食に、楽しい仲間たちと一緒に甘酒入りのパンケーキを薪ストーブの上で焼きました。我が家では薪ストーブは暖房器具としてだけではなく、冬の間の調理器具としても大活躍なのです。

甘酒はとても簡単に作れるので、いつもご飯が余ると米麹を加えて甘酒を仕込んでいます。もち米を使うといいと言われていますが、残りご飯でも十分おいしいものができます（レシピ143ページ参照）。米麹から作る甘酒はアルコールフリーなので朝から飲んでも大丈夫。天然塩をひとつまみ入れるのがポ

薪の火と分厚い鉄板で焼いた手作り甘酒入りパンケーキは最高においしい

イントで、味に芯ができて甘みが倍増します。

手作りの甘酒は普通にいただくだけでなく、手作りドレッシングに加えたり、煮物の隠し味にもなります。パンケーキに加えるとふわふわになり、生地がほんのり甘くなっておいしいし、豆乳と生姜を加えたホットドリンクにすれば冬の冷えた身体を温めてくれます。最近はさまざまな会社が甘酒を作るようになり、気軽に市販のものが購入できるようになりました。その中でも滅菌していない、できれば酵素が生きているフレッシュなものがいいかなと思いますが、やはり自家製の甘酒にはかないません。ぜひ、自家製の甘酒作りに挑戦してみてくださいね!

甘酒入りのパンケーキは、朝食だけでなく季節のジャムを添えておやつにもオススメ

Recipe 04 ぐるぐる甘酒せっけん

甘酒は、ブドウ糖やビタミンB1、B2、B6、天然のアミノ酸などが多く含まれた素晴らしい栄養ドリンクです。冬にいただくイメージですが、実は夏バテの時などにも良く、疲れた時にいただくとエネルギーが湧いてきます。このせっけんで洗顔すると、肌が柔らかくなるような気がします。

形成のポイント

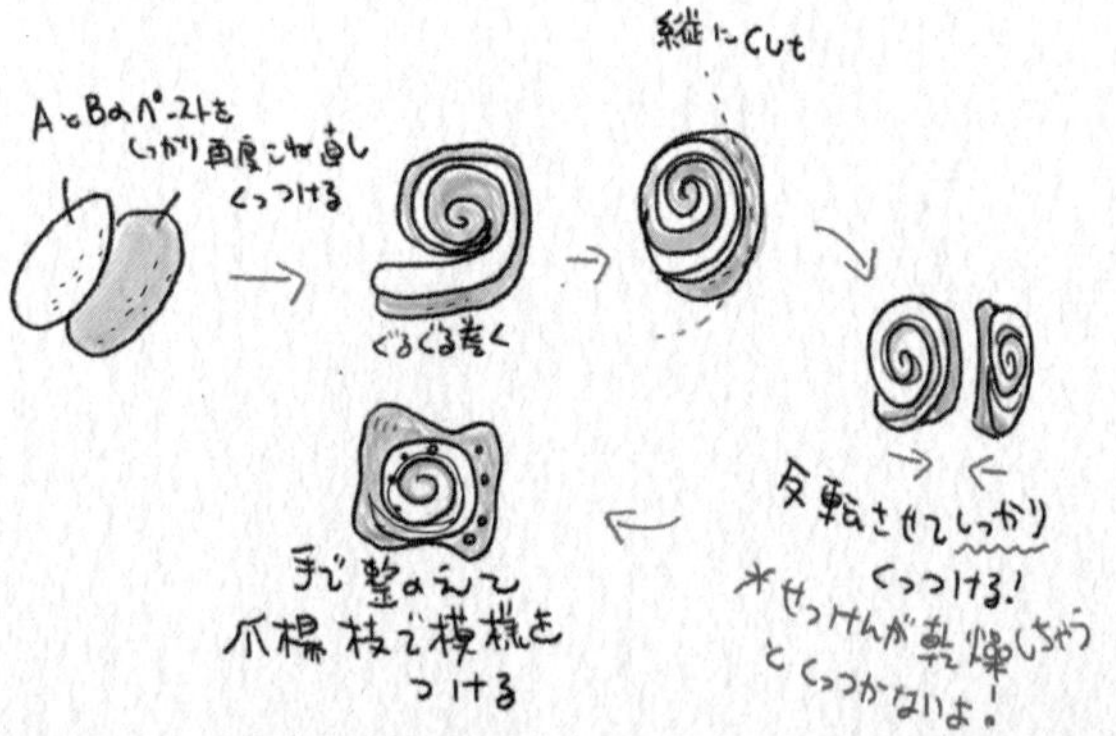

AとBのペーストを
しっかり再度こね直し
くっつける
ぐるぐる巻く
縦にCut
反転させてしっかり
くっつける!
*せっけんが乾燥しちゃうとくっつかないよ!
手で整えて
爪楊枝で模様を
つける

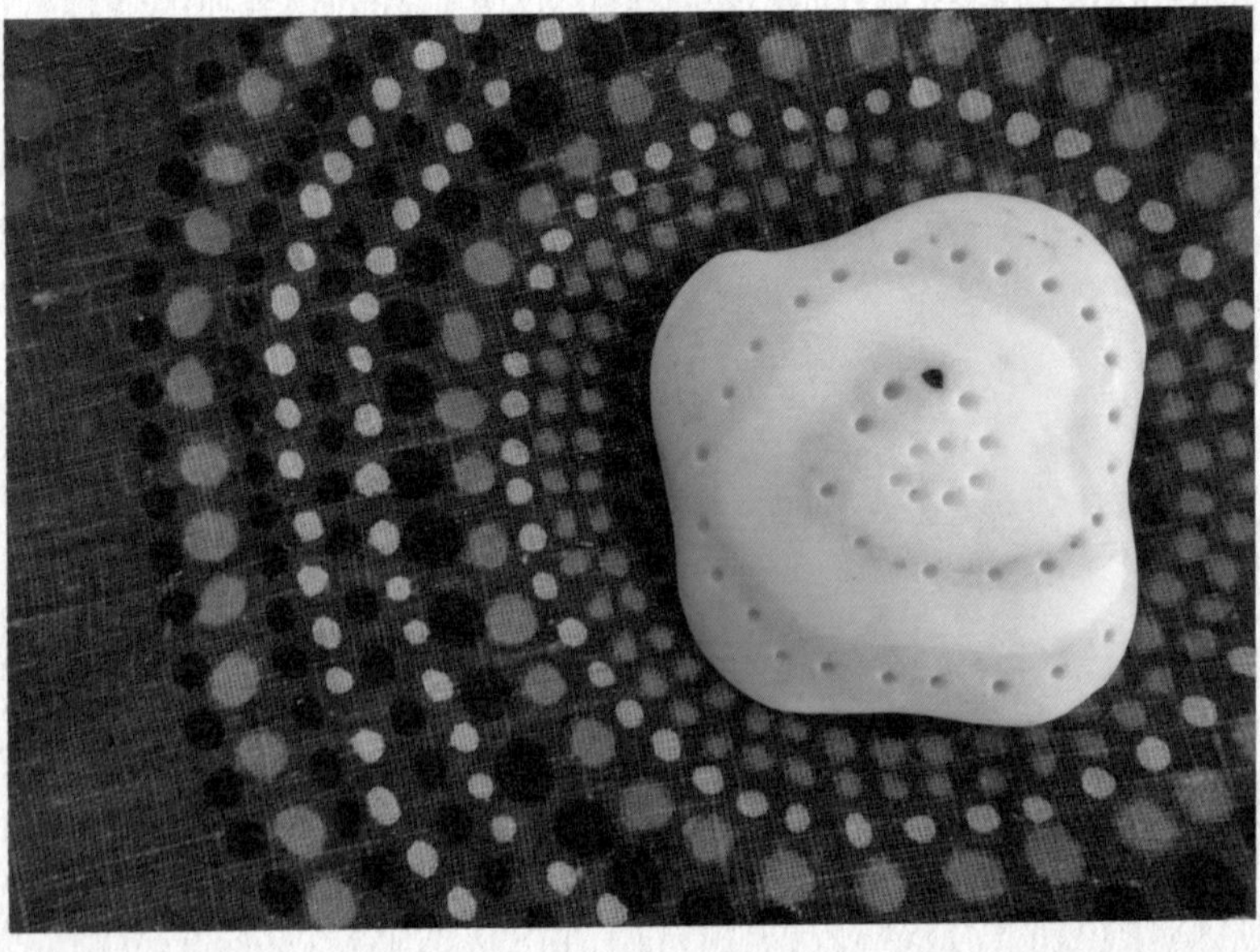

材料（2個分）

A

●パウダー状純せっけん…100g

※41ページからタイプを選ぶ

●甘酒…41ページの①のパウダーの場合は20g、②は30g、③は60g

B

●パウダー状純せっけん…100g

※41ページからタイプを選ぶ

●ローズクレイ…小さじ1/2

●熱湯…41ページ ①のパウダーの場合は20g＋α、②は30g＋α、③は60g＋α

※クレイは多くの水分を必要とするので、水分量は要微調整

●はちみつ…小さじ1

作り方

1. A）ボウルにパウダー状純せっけんを入れる。各タイプ別の分量の甘酒を60度以下（酵素が生きる温度）まで熱くして加え、手でしっかりこねる。蓋付き容器に移し替えるかラップをかけて、20分間ほど寝かせる。
2. B）パウダー状純せっけんとローズクレイ小さじ1/2をボウルに入れ、各タイプ別の分量の熱湯を加えて手でこねる。粗熱がとれたらそこにはちみつを加えてさらにこね、その後、蓋付き容器に移し替えるかラップをかけて20分間ほど寝かせる。
3. 形成していく。AとBをそれぞれを再度やわらかくなるまで練り直し、それぞれ二等分し丸める。AとBを1ピースずつ手に取り、2つを合わせて棒状に長く伸ばす。この時、せっけん同士がくっつきやすいやわらかさになっていること。端からクルクルと丸めてしっかり押さえ、かためたら渦巻きを横にスライドさせるようにナイフで二等分にし、それぞれを反転させて外側同士がくっついた状態でしっかり握り、両面をくっつける。
4. 隙間がないように確認。空気を抜く感じで形を整える。残りの生地も同じように作る。半乾きになったら爪楊枝やヘラの尖った部分で模様をつける。
5. 風通しの良い場所で2週間以上陰干しして完成。

Winter Column

冬に作りたいシンプル料理

冬になると家で過ごす時間がいっそう長くなります。
食べることも作ることも好きな私たちは、
常に手を動かして何かを生み出している季節。
冬に重宝する甘酒、チャイシロップ、柚子塩のレシピを紹介します。

三日月柚子巻き

干し柿を半分にし種を取り、ラム酒に漬けてやわらかくする。千切りにした柚子皮や胡桃を中に入れ、くるっと巻いた干し柿の柚子巻き。

カラフルお雑煮と柚子塩

お雑煮のいつもの具の上に、軽く火を通した赤大根をトッピング。柚子塩を入れるとさらにおいしい。

紫イモとスモークチーズのドリア

ご飯に炒め玉ねぎと豆乳を入れ、塩、胡椒で味付け。その上にピザ用のチーズ、スモークチーズ、蒸した紫イモをのせて焼く。

野菜のマリネ～柚子塩和え～

カブと紫キャベツを別々に塩で揉み、良質のヴァージンオリーブオイルと柚子塩で和える。

甘酒入り
グルテンフリーパンケーキ

製菓用米粉 70g、ベサン粉 40g、片栗粉 20g、塩少々をすべてボウルに入れ混ぜ合わせます。そこに下の手作り甘酒 70g と豆乳 130g、好きなオイル大さじ 1 を入れしっかり混ぜフライパンで上下を焼きます。ベサン粉は卵がなくてもふわっと仕上がるので便利。厚さなどは好みでアレンジして好きな食感を見つけて下さい。うちは薄くして、色んなものをくるくる巻いて食べるのが好き。

三穂＊Miho流
余ったご飯で気軽に作る甘酒の作り方
材料
ご飯 200g
米糀 100g
ぬるま湯 200g
材料を全て混ぜ合わせ
60℃で7～8時間保温
m.
60℃の保温機能がない場合
普通に保温状態にして
数時間ごとにたまに温度
チェック60℃前後を
保つこと
すごく小さいよ
Mihoのは1.5合炊きの炊飯器
に40℃と60℃の保温機能と
タイマー付き。一台あると便利。
展示会、音楽ツアーどこでも
気軽にご飯や甘酒、ヨーグルトが
作れちゃう♡

ジンジャーChai Syrup

材料（4人分）

- 無農薬生姜の皮…500g

※軽く刻んでおく

- 甜菜糖…500g（生姜と同量）
- 水…250g

（砂糖の半分。季節によって新生姜を使用する場合、水は不要）

- 自然塩…ひとつまみ
- シナモンスティック…2本
- クローブ…3粒
- カルダモン…6粒

※ほかにも、ブラックペッパー、ローリエ、チリ、八角などもおすすめ。スパイス量はお好みで調節

すべての材料を鍋に入れて一晩置き、ゆっくりと焦げないように弱火で30分以上煮ます。少しとろっとなってきたら茶こしで漉してできあがり。冷蔵庫で保存します。

身体を温めてくれるスパイス多めのチャイシロップは、我が家で年間を通して大活躍！桑の葉チャイにも合います。煮出した材料も捨てずに、シナモンだけ取り出して（固いので）ハンドブレンダーでペースト状にして、丸めてキャンディー状にして乾燥させればチャイ玉ボンボンができます。お茶請けにも最適。

柚子のすべてが使えるレシピ
万能柚子塩

材料

A

- 柚子の皮…5～6個分

※すりおろしておく

- 自然塩…柚子の皮の10%

B

- 柚子果汁…中身の柚子を絞ったもの

冬のお鍋の薬味だけでなく、お雑煮やマリネにも活躍する万能柚子塩。作り方はAを混ぜ合わせ、そこにBの果汁を全体がしっとりするくらい少しづつ混ぜ入れてしっとりとした感じになったらできあがり。ビンなどに入れ冷蔵庫で保存します。柚子の種は128ページで紹介した柚子の種ジェルに、透明な袋の部分は刻んで鰹節と醤油をかけてしっとりふりかけにしたり、湯豆腐などの薬味にしてもおいしいです。

第六章
音楽でつながる世界
薬草との出会い

アイルランド南西部のバレン高原にて、
フォトシューティング

パリの老舗ライブラウンジバー
「Le réservoir」にて

南プロヴァンスに住む方の
ハーブガーデンを訪ねて

世界で使われている素材を求めて

私とＫａｔｓｕちゃんはこれまでに音楽ツアーや個人旅行を含め、さまざまな国を旅してきました。そこではそれぞれの国で培われた暮らしの知恵、その土地でよく採れる薬草や穀物、馴染みのある食材が手作りコスメとして使われていて、暮らしの循環の中にあることを実感しました。それは〝身土不二《しんどふじ》〟の中に成り立っています。私はそんな各国のさまざまな知恵を少しずついただいて、地球規模な感覚でせっけん作りや手作りコスメを楽しめたら、その国々の理解も深まるしさらに豊かな気持ちになるのではないかと思っています。

また、私がとても興味を持っているのは、どの国でも同じように女性はみんなキレイでありたいために色々な工夫をしているところ。以前、台湾を訪れた時に現地の女性たちに「この土地で昔から使われている手作りコスメはなんですか？」と質問をしたら、急に

イギリスのハーブ屋さんの露店（右）、長いシナモンスティックが売られるインドネシア、ジャワ島の市場（中）、ブライトンの量り売りハーブショップ（左）

目をキラキラさせて「緑豆がいいよ！」と教えてくれました。
　タイでも同じく緑豆やお米の粉はフェイスパックをはじめ、さまざまなものに使われていました。バリ島やジャワ島でもお米の粉にターメリックや薬草をブレンドした「ルルール」という伝統的な全身パックが行われているし、フィリピンではお米についている糠を取り去るために水で洗った後（日本のように研がない）、その白濁した水を捨てずにボウルに取り、翌日その沈殿した微粒子のクリーム状になった米ペーストだけを取り出し、更に水気を取ったものを、別の容器で保管しながら作りためたフェイスパッククリームがあります。友人のミミさん曰く「これでパックするのは高価な美容液よりいいの。庶民はこういう手作りのものを作って工夫しているわ。驚くほど肌がツルツルになるわよ」と教えてくれました。

　ここからは旅で出会った素材のお話や、そこに住む人々の知恵などをほんの少しだけですが紹介していきますね。

インドネシア、スマトラ島の花市場（右）、メンタワイ島のカカオの実（中）、アチェの野生のコーヒーの実（左）

アジアの人々の生活から生まれるもの

以前、音楽の仕事でフィリピン北部の山岳少数民族のミュージシャンたちとライブツアーを行っていた時期がありました。彼らは本番前になると、みんなココナッツオイルを全身に塗って、髪や身体は艶やかに、男性は筋肉が光り輝いてさらに健康的に見えるようにしていました。

フィリピンでココナッツオイルといえば、ヴァージンココナッツオイルのことではありません。フレッシュなココナッツフレークを炒めた時に出る油が利用されています。こちらが伝統的なものらしいですね。低温圧搾のヴァージンココナッツオイルはどちらかというともっと後に流行ったもので、現地でも高い値段で大切に売られています。庶民が作るココナッツオイルの作り方は、削ったばかりのフレッシュココナッツフレークを平鍋に入れ、じっくりと低温で炒ってオイルをじわじわ出していくやり方です。ココナッツフレークがカリカリになったらできあがり!そうして取り出したオイルは料理の他に、外用にも使用されています。現地の市場ではココナッツを買うと、その場でフレーク状に削ってくれるお店もたくさんあります。

２００１年よりフィリピン北部のバキオ市で環境ＮＧＯ「コーディリエラ・グリーン・ネットワーク」を運営している友人、反町眞理子さんによると、山岳地域ではココナッツは南の島と違ってとても貴重なものだそうで、赤ちゃんの頭骸骨の頭頂部や足の裏に塗られ、魔除け的な使い方もされていたそうです。〝邪〟が入りやすい頭頂部と、無防備な足裏をココナッツオイルでプロテクトするのですね。さらに、半分に割ったココナッツの殻の断面で床を磨いたりと、ココナッツの殻も最後まで大切に使い尽くされているんだそうです。日本もそうですが、自然の恵みをとことん使い尽くす精神には学ぶことがたくさんですね。

タイ、チェンマイの漢方薬屋さん。たくさんの薬草がびっしり陳列されている（上）、漢方薬屋さんにて買い付けた「タナカ」という名の木の粉。紫外線防止になる（下）

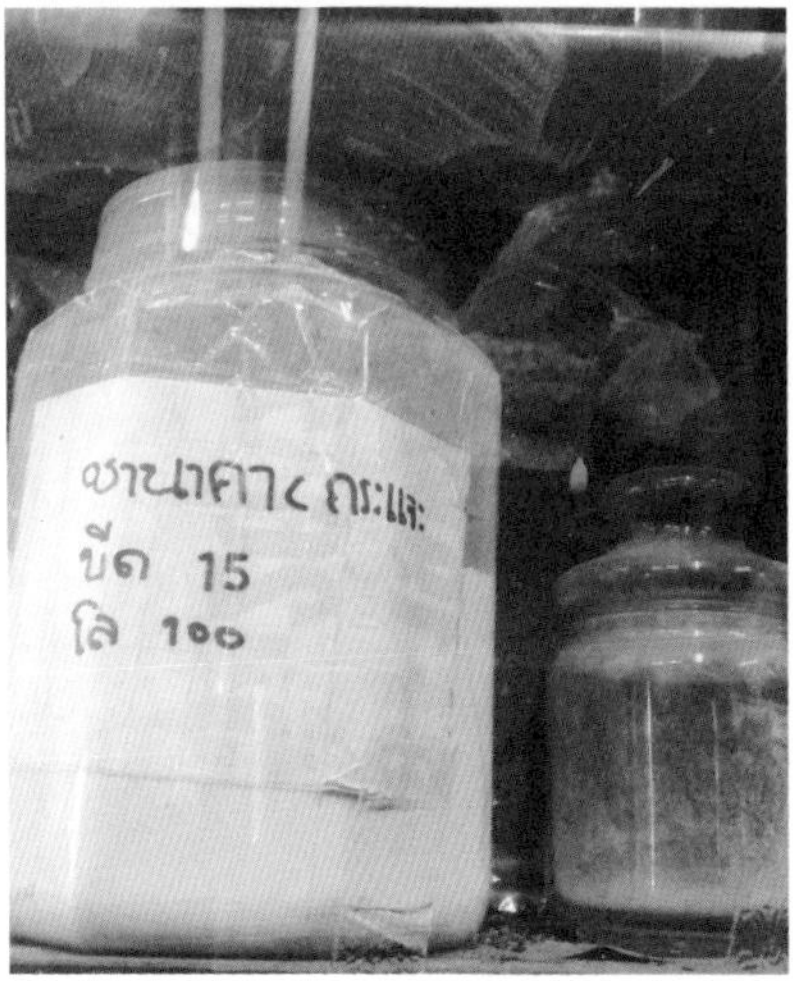

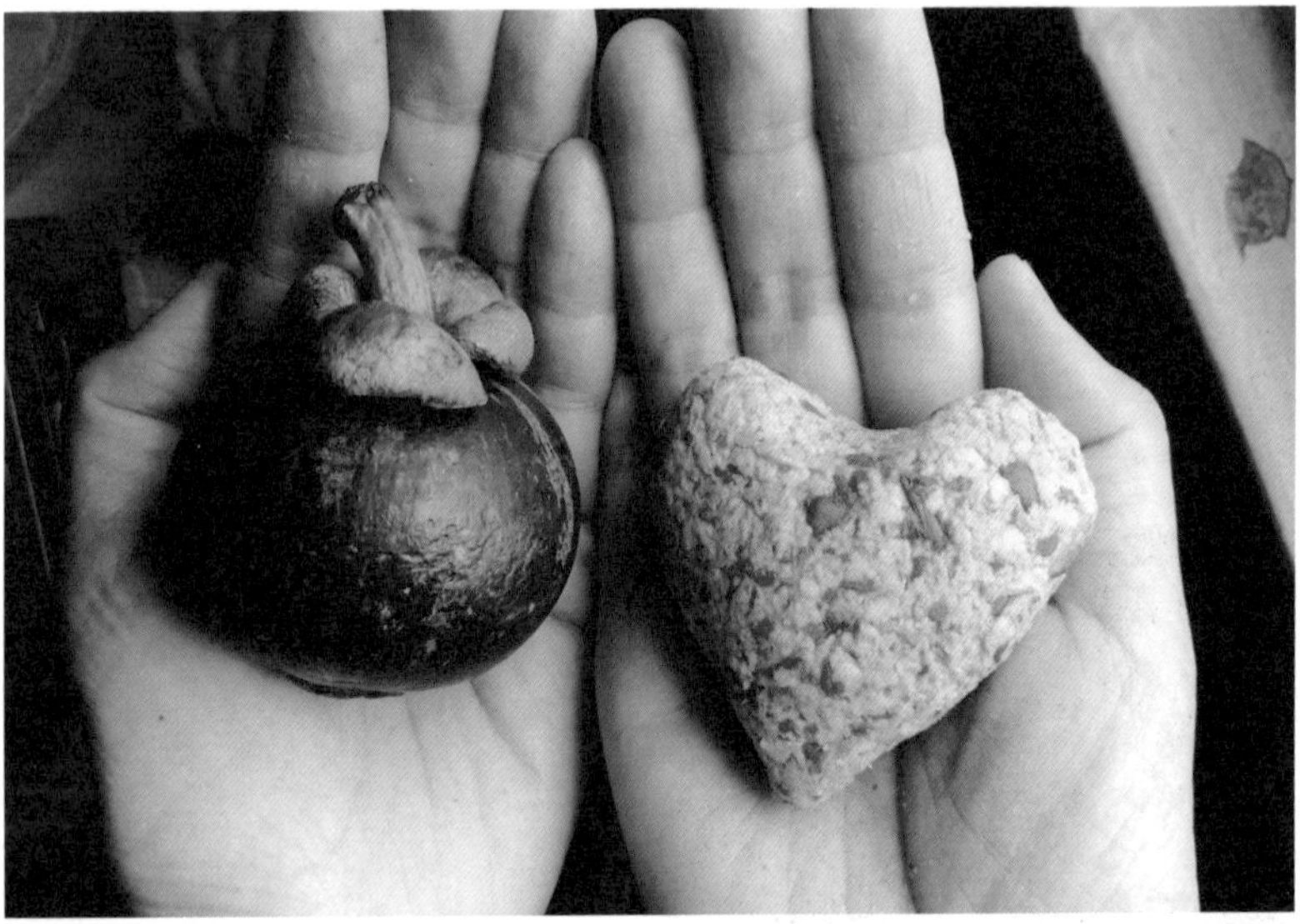

マンゴスチンの皮と黒糖で作ったせっけん

旅で作るせっけん
〜マンゴスチンと黒糖のせっけん〜

2014年、バリ島での公演やジャワ島で開催されたフェスティバルに出演するためにインドネシアを訪れた時のことです。滞在中は音楽関連のことだけではなく、現地の方々に助けられながら薬草市場へ潜入させてもらったり、現地のせっけん作家の方から話を伺ったりと、とても有意義な時間を過ごしました。

バリ島で浮上した一押しの素材は、南国の果実〝マンゴスチン〟でした。その分厚い皮には薬効があり微粉末が売られているほどです。飲めばガンの特効薬に、外用には美白効果があるそうで、現地に住むダンサーでありナチュラルコスメのプロダクト制作を行う方に「マンゴスチンの皮でせっけんを作りなさい」とアドバイスをいただいたほどです。

けれど調べる時間もなくバリ島を後にしてジャワ島に移動したのですが、ジャワ島にもありました、マンゴスチンの微粉末が！巨大な市場に潜入し、その奥に設置された薬草市場にはたくさんの薬草の他に、エステや健康のために使われるクレイが山積みになっていました。

それから何年か経ちマレーシアを訪れた時、持参のせっけんが無くなってしまって、たまたま市場でマンゴスチンを見つけたので、その皮を潰し、黒砂糖の入ったお餅のお砂糖の部分を取り出し、純せっけん素地で制作したものが右ページの「マンゴスチンと黒糖のせっけん」です。

インドネシアの市場はランブータンやマンゴスチンが豊富（右）、
ジャワ島で行われたフェスティバルでの KURI のステージ（左）

ヨーロッパの素材やハーブ、そして日本

　ヨーロッパにはイギリスやフランスを中心にライブツアーで訪れることが多いのですが、こちらもオフの日にはマルシェに出かけたり、または少し足を伸ばして田舎を訪れたりしながら、ナチュラルコスメの素材調査に出かけています。

　イギリスではオートミールやイングリッシュラベンダーのせっけんは、もう定番中の定番。現地ではたくさんのナチュラルコスメのアイディアが溢れ返っています。金色の髪のキープにはカモミールのリンスがオススメだし、黒髪にはローズマリーやセージのリンスがいいそうです。

　フランスはオリーブオイル１００％で作るマルセ

南フランスの野生のイモーテル（右）、旅の滞在先では常に色々なハーブを物色（左）

イユせっけんがとても有名で、クリスマス市でもたくさん色とりどりのせっけんが売られていました。このマルセイユせっけんは、三百年以上の歴史を誇る伝統的な製法で作られたせっけんです。

２０１７年に南フランスの農家にしばらく滞在していた時、はじめて野生のローズマリーやタイムに出会いました。美白で注目を集める野生の〝イモーテル〟にも！日本では園芸店で販売されているハーブたちですが、この時「ヨーロッパでは、その風土に合う野草として力強く大地で生きているのだ」とハッとしました。

日本で風土に合った野草といえばよもぎやスギナ、どくだみなどでしょうか。長い民間療法の歴史は日本にもあります。もっと日本の野草の力を信じて、大切に薬草たちと関わっていきたいなと、フランスの地で心に刻んだのです。

イギリスはブライトンのハーバリストを訪ねて（右）、ブライトンのオーガニックファームでは、その場でハーブを摘みお茶を淹れてくれた（左上）、南フランスの野生のローズマリー（左下）

おわりに

生まれてからずっと大好きなことしかできない私が、自分の大好きなことがぎゅっと詰まった本を出版させていただけるなんて、本当にありがたいことだとつくづく思います。年月を重ねてさらに好きになるせっけん作り、森での自然なリズムに沿った生活、音楽家としての国内外への旅。この三つの軸が自分を作っていると言ってもよいと思っています。私の名前の〝三穂〟の様に、三本の稲穂が小さくてもそれぞれしっかり実れたら、そしてその三本が束になったら、しなやかでありながらとても強い〝三穂〟ができあがるのではと思います。

この〝三穂〟という漢字でどうしても名付けたかったという父、井木堅一（通称イギオヤジ）と、小さい頃から全力でサポートしてくれた母、妙子に改めてありがとう以上の言葉を捧げたいと思います。とくに父はとても個性的で、猫の様な動物的本能と天然さを持っていて、自分の好きなことだけに没頭して人生を生きた人でした。その姿は引き続き私の姿に重なっていくのだと思っています。そしてパートナーのＫａｔｓｕちゃんは、同じビジョンで共に歩み影響し合える刺激的なアーティストであり、自称

〝KURIの森の用務員さん〟だと言っていますが、彼がいなければこの何もなかった耕作放棄地での生活、そしてここを拠点にさまざまなアイディアを生み出していくことは不可能でした。ありがとう。

また、ジャンルは違ってもそれぞれが大切にしている価値観など根っこの部分が同じだと感じる国内外のたくさんの友人たち、ありがとう。今の時代、本根で語れる家族のような友人がいるということは一生涯の宝だなあと思っています。今回、この本の一部の写真もそんな友人たちが撮影をしてくれました。屋久島「EARTH TRIBES」主宰の鈴木洋見くん、世界一周の長旅を経て今、新たなる生活をはじめた写真家の游木トオル（融ちゃん）、元気と笑顔をいつも届けてくれる阿部佳奈美ちゃん、フォトジャーナリストの南風島渉さん他、みんなありがとう。そして、私のせっけんや森での暮らしにとても興味を持って応援してくれた編集担当の林亜沙美さん、感謝です。

KURIの森を訪れる方々の愛で、ここに色々なアイディアの命がどんどん芽吹いて、少しずつ花を咲かせています。これからもこの場所が、五感とつながるさまざまな学びと発信基地になっていったらいいなと思っています。そして、最後までこの本を読んでくださったみなさま、ありがとうございました。

KURIの森にて　三穂✳Miho

著者 **三穂✴Miho**

ミュージシャン・アート手ごねせっけん作家、日本オーガニックコスメ協会認定オーガニックコスメ・セラピスト。山梨の八ヶ岳南麓の里山にある手作りのスタジオを拠点に、森の暮らしや旅で生まれたインスピレーションを音楽やせっけんにして表現しているクリエーター。 これまでに約２万個以上の手ごねせっけんを手作りしている。国内外の旅で女性たちを中心にインタビューを行いながら手に入れた特選素材や、自宅の里山で摘み取った薬草などを組み合わせ、世界にひとつしかない「アート手ごねせっけん」を制作。独創的な手作りコスメを作る「魔女っ子手作りコスメワークショップ」も全国各地で開催。

www.facebook.com/studiokurisoap
www.instagram.com/studiokuri_shop
www.studiokuri.com

⬅その他のSNS情報

自分で作るしあわせ時間

アート手ごねせっけんと森の暮らし
〜春夏秋冬のレシピ〜

2021年9月10日　初版発行

著者　三穂✴Miho
発行者　東口敏郎
発行所　株式会社BABジャパン
〒151-0073　東京都渋谷区笹塚1-30-11 中村ビル
TEL　03-3469-0135　FAX　03-3469-0162
URL　http://www.bab.co.jp
E-mail　shop@BAB.co.jp
印刷・製本　中央精版印刷株式会社

ISBN978-4-8142-0416-8　C2077

■ Photo／Miho,Hiromi Suzuki,Toru Yûki,Kanami Abe, Wataru Haejima
■ Illustration／Miho
■ Cover Design／Hideyuki Yanaka
■ DTP Design／Shimako Ishikawa

BOOK Collection

基礎からきちんとわかる!

手作り石けんマイスターブック

「ハンドメイド石けんマイスター認定公式テキスト」　プロがコツを教えてくれるからこの一冊できちんとつくれる! 「製造のプロ」小知和ゆうと「原料のプロ」林伸光、2人のプロが手作りのコツとポイントを丁寧に教えます。5つのベーシックレシピと、色や香り、泡立ちなどを楽しむ25の応用レシピを収録。36の精油、20の植物油のプロフィールなど、詳しい成分説明の資料も充実しております。「プロが丁寧に基礎とコツを教える手作り石けんの本です。」の新装改訂版となります。

●小知和ゆう、林伸光 著　●B5判　●144頁　●定価2,090円（税込）

人気セラピストとハーバリストたちがブレンドレシピを公開!

精油とハーブのブレンドガイド

サロンのケーススタディからメディカルアロマとハーブの活用法、暮らしに活かすブレンド・テクニックまで。セラピストやエステティシャンがサロンで調合する精油やハーブのブレンドレシピから、医師や看護師・アロマセラピストが提供するメディカルアロマとハーブのブレンド方法、さらに公共の場や家庭で活用できる精油の使い方まで、様々なシーンに対応した精油やハーブの選び方とレシピを、詳しく解説！

●セラピスト特別編集　●B5判　●156頁　●定価1,980円（税込）

健康・美容・食に役立つ香りの知恵袋　予約のとれないサロン

とっておき精油とハーブ 秘密のレシピ

すぐに予約でうまってしまうサロンの講義から、人気のクラフト、料理、お菓子のレシピを大公開!　こんなに使えるアロマとハーブのレシピ集は今までなかった!　精油やハーブの組み合わせを変えて作れる用途に応じた豊富なバリエーション!!　妊娠中、乳幼児、幼児向けの配合も掲載。精油とハーブ使いの初心者からプロまで、この一冊があなたのハーバル・アロマライフを豊かにしてくれます!

●川西加恵 著　●A5判　●162頁　●定価1,650円（税込）

ハーブ療法の母ヒルデガルトの

家庭でできるドイツ自然療法

ドイツには「1日1個のりんごが、医者を遠ざける」ということわざがあります。森の中を散歩していると、野生のりんごを見かけます。それらの実はおいしくて、生命力が満ち溢れています。実は人間も同じ。大量の薬や消毒に頼らなくても元気に、健やかに生きることができるのです。中世ドイツの修道女ヒルデガルトの自然療法は、薬草や石など、身の回りにあるものを用いたシンプルな癒しの方法です。

●森ウェンツェル明華 著　●四六判　●232頁　●定価1,540円（税込）

月と太陽、星のリズムで暮らす

薬草魔女のレシピ 365 日

今いる場所で、もっと幸せになるには?　自然のパワーを味方につけよう!　太陽や月、星、そして植物を愛する魔女の生活は、毎日が宝探し。季節の移り変わりや月のリズムとともに暮らし、星の力を受けた薬草を日々の暮らしに取り入れる。自然を大切にし毎日の暮らしを楽しむヒントが満載!魔女の薬草レシピ集!

●瀧口律子 著　●B5判　●240頁　●定価1,540円（税込）

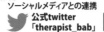

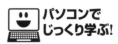

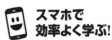

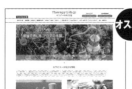